SEGURIDAD INDUSTRIAL

MANUAL PARA LA FORMACIÓN DE INGENIEROS

Félix Pedro Marín Andrés

SEGURIDAD INDUSTRIAL

MANUAL PARA LA FORMACIÓN DE INGENIEROS

Servicio de Publicaciones

Dykinson, S.L.

Editorial DYKINSON, S.L. Meléndez Valdés, 61 - 28015 Madrid
Teléfono (+34) 91 544 28 46 - (+34) 91 544 28 69
e-mail: info@dykinson.com
http://www.dykinson.es
http://www.dykinson.com

ISBN-10: 84-9772-929-3
ISBN-13: 978-84-9772-929-1
Depósito Legal: SE-5016-2006 U.E.

Preimpresión realizada por los autores

Impreso por: Publidisa

A mi padre, a quien la carencia de seguridad en el trabajo ha causado sufrimientos y una minusvalía

ÍNDICE

I. INTRODUCCIÓN Y REGLAMENTACIÓN ESPAÑOLA

II. SEGURIDAD EN EL TRABAJO

TEMA 1 - EL TRABAJO Y SU SEGURIDAD

1. Introducción: Producción, Riesgo y Daños. Conceptos

1.1 El trabajo

Para cubrir sus necesidades el ser humano

- Transforma la naturaleza
- Realiza actividades (trabajo)
    - ➢ Lo que genera Agentes de riesgo

Trabajo: actividad social convenientemente organizada, que a través de la combinación de una serie de recursos de materias diferentes, como pueden ser principalmente, los propios trabajadores, los materiales, productos, equipos, máquinas, energía, tecnologías y organización, permite al ser humano alcanzar unos objetivos prefijados y satisfacer unas necesidades.

Los trabajos cambian con el tiempo

- Condiciones de trabajo
- Personas que lo realizan

La realización del trabajo por parte del hombre supone, con sus aspectos positivos y negativos, una importante modificación o transformación de la propia naturaleza, mediante el concurso de dos elementos fundamentales en el mundo del trabajo, la **tecnificación** y la **organización del trabajo**.

Tecnificación: proceso mediante el cual, el hombre elabora y fabrica todas aquellas herramientas, máquinas y equipos materiales, dirigidas a la realización de una actividad específica, lo que le debe permitir posteriormente realizar el trabajo de una forma mucho más cómoda y rentable.

- ➢ Aumento de amenazas para la salud: mayor número y gravedad de los accidentes

Organización del trabajo: proceso mediante el cual el hombre, como animal social que es, planifica y distribuye las diferentes actividades a desarrollar, buscando generalmente obtener los mayores beneficios económicos.

- Planificación
- Reparto de tareas
- Menos exigencias físicas y mas intelectuales
- Necesidad de formación y entrenamiento
    - ➢ Todo ello causa Problemas psicológicos

1.2 El sistema productivo: componentes y complejidad

Los procesos productivos de las organizaciones tienen por objeto generar valor añadido ofreciendo a los clientes objetos o servicios deseados mediante la captación y transformación de materias primas o la conjunción e interrelación de tareas.

Componentes del sistema productivo:

- Hábitat geofísico: entorno físico en que se realiza el trabajo, puede ser activo, si interactúa con el sistema (caso de la minería, la pesca,...) o pasivo (caso del edificio de una fábrica).

- Tecnología o subsistema técnico: conjunto de instalaciones, maquinaria y procesos que aportan la energía y realizan parte de las actividades transformadoras.

- Personas o subsistema humano: conjunto de personas que colaboran en la realización de las diferentes actividades con ciertas aptitudes y conocimientos e, individualmente, con ciertas actitudes y motivaciones.

    - Los subsistemas técnico y humano forman el subsistema socio-técnico.

- Estructura organizativa o subsistema orgánico: conjunto de órganos productivos formados por la agrupación de las personas responsables de actividades, ligadas por conexiones jerárquicas y operativas diseñadas para su coordinación.

- Métodos y reglas: conjunto de procedimientos que establecen el modo habitual de realización de las actividades.

- Cultura y valores: conjunto de criterios de la organización que establece las actividades y las líneas esperadas de conducta.

- Clima interno: conjunto de actitudes interpersonales y entre personas y organización que inducen las conductas humanas.

Los componentes están sometidos a cambios por desgaste o modificaciones, el sistema productivo tiene una dinámica interna de innovación que exige actividades de conservación para mantener su capacidad.

2. La Salud y sus Daños

Salud: La salud es el estado de bienestar físico, mental y social completo y no meramente la ausencia de enfermedad (OMS).

Contingencias comunes: daños a la salud ocurridos por motivos extralaborales.

Contingencias profesionales: daños a la salud derivados del trabajo, incluye los accidentes de trabajo y las enfermedades profesionales (Ley de Seguridad Social).

2.1 Accidentes de trabajo

Accidente de trabajo, definiciones:

- Toda lesión que el trabajador sufra con ocasión o por consecuencia del trabajo que ejecute por cuenta ajena (Ley de Seguridad Social, artículo 115).

- Suceso anormal no querido ni deseado que se presenta de forma brusca e inesperada, normalmente es evitable, interrumpe la continuidad del trabajo y puede causar lesiones a las personas.

La primera definición pone acento en la existencia de lesión del trabajador, con independencia de su gravedad o consecuencias. La existencia de lesión y su gravedad es un hecho en gran parte fortuito, de manera que algunos accidentes potencialmente muy importantes pueden causar daños materiales y no causar lesión alguna a los trabajadores, en este caso el accidente no es legalmente un accidente de trabajo, por lo que suele utilizarse el calificativo de "accidente blanco", "incidente" o "cuasiaccidente".

Se refiere con exclusividad a los trabajadores por cuenta de un tercero, excluyendo por tanto a los trabajadores autónomos. La reforma de la Ley de Seguridad Social admite los accidentes de los trabajadores autónomos cuando cotizan por tal contingencia.

La definición incluye el término "con ocasión o por consecuencia", que con una ambigüedad deliberada permite extender la calificación como de trabajo de aquellos accidentes que suceden fuera del lugar de trabajo ("in itinere", en el trayecto habitual entre éste y el domicilio del trabajador) o de aquellos motivados por enfermedades comunes poco o nada relacionadas con las condiciones de trabajo. Esta deliberada ambigüedad es una manifestación del legislador de facilitar la extensión de la protección y la atención del trabajador a una gran diversidad de situaciones y circunstancias.

2.1.1 Proporción incidentes – accidentes de trabajo

El primer análisis fue realizado por Heinrich (1950) de 330 accidentes, de ellos fueron: 1 grave, 29 leves y 300 incidentes.

Análisis de 1.753.498 accidentes en USA de Frank E. Bird, 1969 (véase figura 1)

Análisis de Tye y Pearson, 1974/1975 basado en casi un millón de accidentes en la industria británica, véase figura 2.

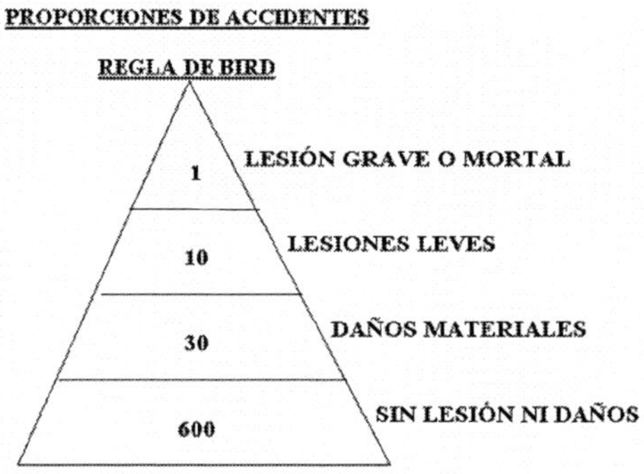

Figura 1: Regla de Bird

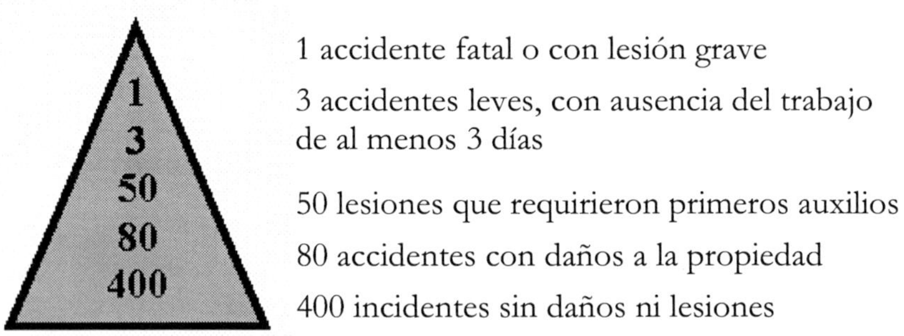

Figura 2: Análisis de Tye y Pearson

Ejemplo: Si cae el gancho de una grúa de 40 kg de peso puede suceder:

- que caiga sobre un montón de arena. No hay daños materiales ni humanos.
- que caiga sobre un acopio de materiales. Hay daños materiales únicamente.
- que caiga sobre un trabajador. Hay un accidente de trabajo con lesiones más o menos graves.

Ejemplo: Si un trabajador resbala en una mancha de aceite puede:

- Resultar ileso.
- Dañarse la ropa o el equipo.
- Romperse un brazo.
- Fracturarse el cráneo y morir.

Un control eficaz debe centrar su atención en la causa del accidente, no en los resultados. Las consecuencias de los accidentes son debidas frecuentemente al azar y sobre ellas se puede tener poco control. Así pues, se debe poner un énfasis especial para lograr un control eficaz en la investigación tanto de los accidentes como de los incidentes.

2.1.2 Clasificación de los accidentes

Según el lugar donde ocurren:
- Sucedidos en el lugar o centro de trabajo.
- "In itinere", yendo o viniendo del lugar de trabajo.

Según la situación laboral del trabajador:
- Con baja, si el trabajador no asiste al centro de trabajo al día siguiente por estar en tratamiento o incapacitado.
- Sin baja.

Según la gravedad de la lesión, a criterio médico:
- Leves.
- Graves.
- Mortales.

2.1.3 Coste de los accidentes

Coste económico:
- Pérdida de horas de trabajo del accidentado, compañeros y mandos.
- Asistencia médica.
- Deterioro de materiales y equipos.

Coste humano:
- Dolor, sufrimiento.
- Invalidez, muerte.
- Pérdida de la experiencia.

¿Quién paga el coste? El accidentado, la empresa y la sociedad (véase figura 3).

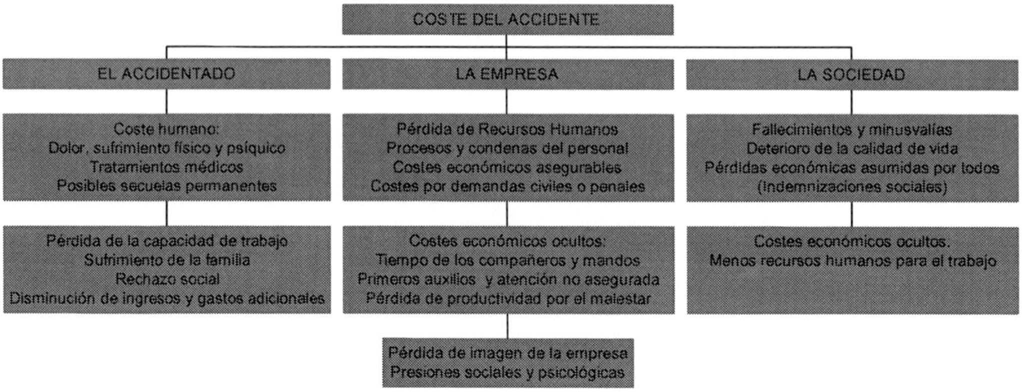

Figura 3: Coste de los accidentes

2.2 Enfermedades profesionales

Definiciones de Enfermedad profesional:

- Toda enfermedad contraída a consecuencia del trabajo ejecutado por cuenta ajena, en las actividades que se especifiquen en el cuadro que se apruebe por las disposiciones de aplicación y desarrollo de esta Ley, y que esté provocado por la acción de elementos o sustancias que en dicho cuadro se indiquen por cada enfermedad profesional (Ley de Seguridad Social, artículo 116).

- Enfermedad contraída a consecuencia de estar sometido durante el trabajo a unas condiciones no higiénicas. Se caracteriza por un inicio lento, no violento, y se ocasiona por una acción continuada y acumulada, en general, totalmente previsible

Es condición necesaria que la enfermedad profesional sea producida por el trabajo y que esté reconocida legalmente, es decir, sea causada por una sustancia o agente que figure en la lista de enfermedades profesionales reconocidas por la Seguridad Social (RD 1995/1978 modificado por RD 2821/1981 y Resolución 30-12-1993).

Las enfermedades causadas por la exposición a agentes o sustancias no incluidos en la lista oficial de la Seguridad Social no se consideran profesionales, calificándolas de **"enfermedades del trabajo"**. El apartado e del artículo 116 define las enfermedades del trabajo como "las enfermedades no incluidas como profesionales que contraiga el trabajador con motivo de la realización de su trabajo siempre que se pruebe que la enfermedad tuvo por causa exclusiva la ejecución del mismo".

Ejemplos:

- La sordera, debida a la exposición a niveles altos de ruido es enfermedad profesional.
- La afonía de los docentes es enfermedad del trabajo (no está recogida en la lista de enfermedades profesionales).

2.3 Diferencias accidente-enfermedad

Las diferencias entre accidente y enfermedad se resumen en la tabla 1.

	Accidente	**Enfermedad**
Iniciación	Brusca, súbita	Progresiva
Presentación	Inesperada	Esperada
Manifestación	Evidente, espectacular, única y externa	Repetida, interna, difícil de interpretar
Relación causa-efecto	Clara y fácil	Difícil, no inmediata
Tratamiento	Quirúrgico	Médico

Tabla 1: Diferencias entre accidente y enfermedad

2.4 Sistema de Protección Social

2.4.1 Incapacidad temporal

En la tabla 2 se resume la protección prestada por incapacidad temporal, según que el accidente o enfermedad tenga origen laboral o no.

2.4.2 Incapacidad definitiva

En la tabla 3 se recogen las prestaciones por incapacidad definitiva o fallecimiento.

2.5 Siniestralidad laboral en España

En la tabla 4 se recogen los datos de la estadística oficial de siniestralidad laboral en España durante los últimos 12 años.

En la figura 4 se representan los accidentes laborales mortales en jornada de trabajo ocurridos en España en los últimos 12 años, así como el total de accidentes.

Conclusión:

Razones éticas, económicas y legales sustentan el creciente interés por aumentar la seguridad en el trabajo.

3. Definiciones

Peligro: fuente potencial de daño
- Condición peligrosa: la intrínseca al sistema productivo que crea un peligro.
- Conducta o acción peligrosa: conducta contra las normas de funcionamiento del sistema productivo que crea un peligro.

Riesgo: Posibilidad de que un trabajador sufra un determinado daño derivado del trabajo. Para valorar un riesgo se consideran:
- Probabilidad: posibilidad de que ocurra el daño.
- Severidad: impacto que tiene sobre la persona. (Artículo 4 Ley 31/1995)

Riesgo laboral grave e inminente: aquel que resulte probable racionalmente que se materialice en un futuro inmediato y pueda suponer un daño grave para la salud de los trabajadores.

En el caso de exposición a agentes susceptibles de causar daños graves a la salud de los trabajadores, se considerará que existe un riesgo grave e inminente cuando sea probable racionalmente que se materialice en un futuro inmediato una exposición a dichos agentes de la que puedan derivarse daños graves para la salud, aun cuando éstos no se manifiesten de forma inmediata.

Factor de riesgo: circunstancia que contribuye a materializar un riesgo, es decir, a producir un accidente.

Daños derivados del trabajo: enfermedades, patologías o lesiones sufridas con motivo u ocasión del trabajo.

Procesos, actividades, operaciones, equipos o productos "potencialmente peligrosos": aquellos que, en ausencia de medidas preventivas específicas, originen riesgos para la seguridad y la salud de los trabajadores que los desarrollan o utilizan.

Equipo de trabajo: cualquier máquina, aparato, instrumento o instalación utilizada en el trabajo.

INCAPACIDAD TEMPORAL	Accidente no laboral o enfermedad común	Accidente de trabajo o enfermedad profesional
Días 1° al 3°	Nada, (o lo asume el empresario)	75% base reguladora
Días 4° al 15°	60% base reguladora, asume el empresario	75% base reguladora
Día 16° al 20°	60% base reguladora	75% base reguladora
Día 21° en adelante	75% base reguladora	75% base reguladora
Base Reguladora	EC: Cotización 96 mes/112 ANL: Cotización 24 mes/28	Salario+extras 12 mes/12
Duración máxima	12 meses, prorrogables otros 6, si es presumible alta.	

Tabla 2: Protección por incapacidad temporal

INCAPACIDAD	Lesiones o inhabilitación	Pensión o Indemnización
Lesiones Permanentes no invalidantes	Lesiones o mutilaciones definitivas, sin llegar a ser invalidez	Indemnización a tanto alzado, según baremo OM 16-1-1991
IPP - Incapacidad Permanente Parcial	Disminución >33%, permite el trabajo en la misma profesión	Indemnización a tanto alzado 24 mensualidades de la Base Reguladora
IPT - Incapacidad Permanente Total	Disminución >66% Inhabilita para la profesión	Pensión 55% BR o tanto alzado según edad 12 a 84 mensualidades BR
IPA - Incapacidad Permanente Absoluta	Inhabilita para todo tipo de trabajo	Pensión 100% Base Reguladora
GI - Gran Invalidez	Necesita asistencia para los actos más esenciales	Pensión 150% Base Reguladora
Fallecimiento	Fallecimiento	Pensión 52% viudedad y 20% orfandad, suma ≤100% BR

Tabla 3: Protección por incapacidad definitiva o fallecimiento

Siniestralidad laboral en España: Estadística de Accidentes y Enfermedades profesionales

Año	Accidentes											Enfermedades profesionales		
	Total	Con baja									Sin baja	**Total**	Con baja	Sin baja
		Total	En jornada de trabajo				In itinere							
			Total	Leves	Graves	**Mortales**	Total	Leves	Graves	Mortales				
1993	**1.002.998**	572.306	537.848	525.793	10.939	**1.116**	34.458			416	430.692	**5.333**	4.849	484
1994	**1.025.263**	571.826	537.625	526.237	10.362	**1.026**	34.201			330	453.437	**4.984**	4.804	180
1995	**1.139.020**	626.268	589.661	578.110	10.543	**1.008**	36.607			341	512.752	**6.005**	5.838	167
1996	**1.212.846**	655.575	616.237	604.570	10.685	**982**	39.338			322	557.271	**7.244**	7.069	175
1997	**1.321.940**	720.303	676.644	665.181	10.393	**1.070**	43.659			384	601.637	**8.700**	8.440	260
1998	**1.486.109**	804.843	752.882	741.162	10.649	**1.071**	51.961			420	681.266	**11.064**	10.428	636
1999	**1.671.004**	930.151	867.772	854.923	11.739	**1.110**	62.379			462	740.853	**14.755**	14.119	636
2000	**1.801.416**	1.004.454	935.274	922.785	11.359	**1.130**	69.180			445	796.962	**17.858**	17.261	597
2001	**1.888.531**	1.032.278	958.493	945.480	11.992	**1.021**	73.785	70.713	2.625	447	856.253	**21.216**	20.281	935
2002	**1.909.702**	1.024.402	948.896	936.071	11.721	**1.104**	75.506	72.477	2.576	453	885.300	**23.799**	22.292	1.507
2003	**1.815.836**	977.013	899.737	887.309	11.395	**1.033**	77.276	74.390	2.434	452	838.823	**25.701**	23.803	1.898
2004	**1.706.830**	961.240	876.596	865.167	10.474	**955**	84.644	81.616	2.540	488	745.590	**27.543**	22.964	4.579
2005	**1.659.487**	996.946	904.908	894.301	9.641	**966**	92.038	89.396	2.281	361	662.541	**28.904**	24.912	3.992

Fuente: Estadística de accidentes de Trabajo y enfermedades profesionales
Avance enero-diciembre 2005
Ministerio de Trabajo y Asuntos Sociales

Tabla 4: Siniestralidad laboral en España

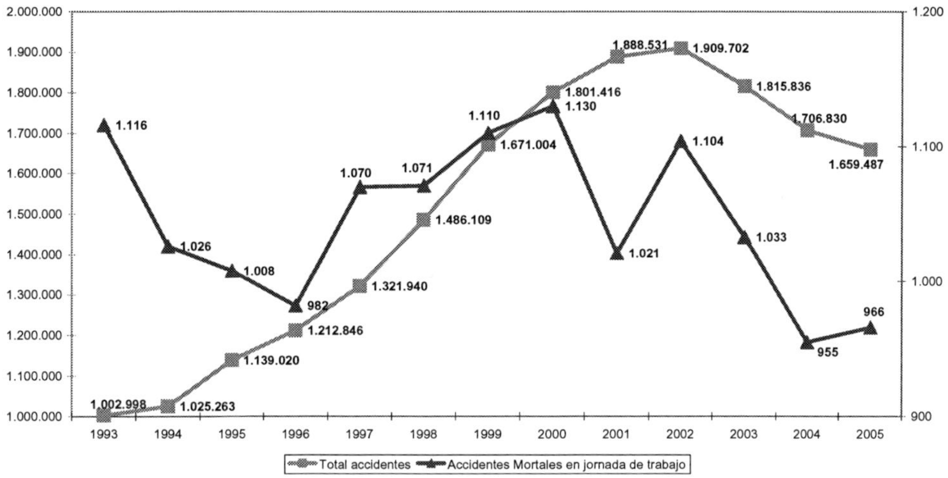

Figura 4: Accidentes, totales y mortales en jornada de trabajo

Equipo de protección individual, EPI: cualquier equipo destinado a ser llevado o sujetado por el trabajador para que le proteja de uno o varios riesgos que puedan amenazar su seguridad o su salud en el trabajo, así como cualquier complemento o accesorio destinado a tal fin.

Condición de trabajo: cualquier característica del mismo que pueda tener una influencia significativa en la generación de riesgos para la seguridad y la salud del trabajador. Quedan específicamente incluidas en esta definición:

- Las características generales de los locales, instalaciones, equipos, productos y demás útiles existentes en el centro de trabajo.
- La naturaleza de los agentes físicos, químicos y biológicos presentes en el ambiente de trabajo y sus correspondientes intensidades, concentraciones o niveles de presencia.
- Los procedimientos para la utilización de los agentes citados anteriormente que influyan en la generación de los riesgos mencionados.
- Todas aquellas otras características del trabajo, incluidas las relativas a su organización y ordenación, que influyan en la magnitud de los riesgos a que esté expuesto el trabajador.

Prevención:

- Conjunto de actividades o medidas adoptadas o previstas en todas las fases de actividad de la empresa con el fin de evitar o disminuir los riesgos derivados del trabajo. (Artículo 4 Ley 31/1995)

- Actuación sobre el sistema de trabajo conducente a la eliminación o reducción de las situaciones de riesgo. Supone una actividad continuada y proactiva sobre:
    - El sistema productivo
    - Los agentes de riesgo (peligros)
    - Las propias técnicas de prevención

4. Los agentes de riesgo. Clasificación

En la figura 5 se clasifican los agentes de riesgo laborales.

Figura 5: Clasificación de agentes de riesgo

5. Las técnicas de prevención

Las técnicas de prevención son el conjunto de actividades, dispositivos técnicos y disposiciones operativas para evitar o reducir la probabilidad de un accidente y minimizar sus consecuencias, en su caso.

Se distinguen:
- Técnicas analíticas o de información de la situación
- Técnicas operativas o de actuación preventiva
- Técnicas de apoyo o de comprensión

5.1 Técnicas analíticas

Las técnicas analíticas tienen por finalidad identificar situaciones peligrosas, para tomar medidas preventivas, pueden ser:

Evaluación de riesgos: estudio, real o sobre modelo, del sistema técnico y de las situaciones de posible riesgo teórico generadas por los diferentes agentes intrínsecos.

Inspección del trabajo: control del sistema real, para identificar riesgos reales y asegurar el cumplimiento de la normativa de seguridad. Es indispensable por las características cambiantes del sistema y por la interrelación entre agentes intrínsecos y extrínsecos.

Investigación de accidentes: cuando se produce un incidente o accidente se ha producido una situación o acción peligrosa o ambas. La investigación permite comprender ese accidente e identificar otras situaciones de riesgo.

Análisis estadístico: el estudio estadístico de accidentes ofrece información de dos tipos,

- Específica sobre situaciones peligrosas no resueltas.
- General de la empresa, sobre la eficacia de las acciones preventivas por comparación en el tiempo.

5.2 Técnicas operativas o de actuación preventiva

Las técnicas operativas tienen por finalidad realizar acciones preventivas para disminuir la accidentalidad y sus consecuencias, pudiendo aplicarse a los subsistemas técnico y humano. Estas son:

Eliminación: supresión o disminución del riesgo, actuando en dos vías,

- Con dispositivos sobre las máquinas e instalaciones para obtener seguridad intrínseca.
- Con disposiciones o instrucciones operativas sobre cómo realizar las actividades para que sean seguras.

Prevención: disminución de la probabilidad de que se produzca un accidente actuando con dispositivos de:

- Aislamiento, que impidan al trabajador aproximarse al punto de riesgo.
- Señalización, que informen de la proximidad del riesgo y eviten conductas peligrosas.

Protección: Tiene por finalidad disminuir los efectos del incidente, si éste se produce. Se pueden distinguir:

- Equipos de protección personal (EPIs).
- Equipos y disposiciones para parar el incidente.

Capacitación, para operar adecuadamente y que no se produzcan fallos humanos:

- Formación para el puesto de trabajo.

- Adecuación hombre-puesto, asignando cada tarea a la persona o personas con las características más idóneas para su realización.
- Información sobre riesgos concretos y conductas.
- Motivación, mediante campañas y acciones para evidenciar la importancia de la seguridad.

Curación, para aliviar los efectos del incidente,
- Tratamiento.
- Rehabilitación.

5.3 Técnicas de apoyo o comprensión

Especializadas, procedentes de las Ingenierías y Ciencias Humanas, ayudan a comprender el subsistema socio-técnico y sus procesos en las empresas.

Legales, regulan con carácter obligatorio las actividades productivas en relación con la seguridad y la higiene. La legislación tiene dos utilidades:
- Concreta el marco de deberes y derechos.
- Da orientaciones técnicas concretas a aplicar en algunos casos.

De gestión, ayudan a "manejar" el sistema productivo y a gestionar con seguridad.

5.4 Ciencias soporte de las técnicas de prevención

Seguridad en el trabajo, estudia las condiciones materiales que ponen en peligro la integridad física de los trabajadores a causa de los accidentes.

Higiene industrial, estudia los contaminantes físicos, químicos y biológicos presentes en el medio de trabajo que pueden causar alteraciones reversibles o permanentes de la salud (enfermedades profesionales).

Ergonomía, trata de adecuar el trabajo al hombre, dado que la salud es un equilibrio entre los aspectos físico, mental y social de la persona.

Psicosociología, estudia los daños psicológicos que puede sufrir una persona en su trabajo, así como los elementos que producen insatisfacción.

En España, la ley considera Ergonomía y Psicosociología en conjunto.

Medicina del trabajo, estudia las consecuencias de las condiciones materiales y ambientales sobre las personas y, junto con las demás ciencias (seguridad en el trabajo, higiene industrial, ergonomía y psicosociología), establece condiciones de trabajo saludables.

TEMA 2 – REGLAMENTACIÓN ESPAÑOLA

1. Estructura de las leyes

1.1 Jerarquía legal

La estructura de las leyes en España se representa en la figura 1 y es, por orden de jerarquía:

- Constitución Española, ley superior que recoge los derechos y deberes de los ciudadanos y la estructura organizativa del Estado.
- Leyes orgánicas, afectan a derechos fundamentales, libertades públicas, Estatutos de Autonomía, ley electoral y las previstas específicamente en la Constitución. Se aprueban por mayoría absoluta del Congreso.
- Leyes ordinarias, se aprueban por mayoría simple. Se desarrollan mediante:
    - Decretos y órdenes ministeriales, emanan del Gobierno, deben respetar la ley de la que derivan o a la que complementan.
    - Decretos-leyes, del Gobierno, con carácter de ley ordinaria (nunca orgánica), por causa de extraordinaria y urgente necesidad, que deben ser convalidadas por el Parlamento en 30 días.

Los tratados internacionales forman parte del derecho nacional, una vez suscritos y ratificados.

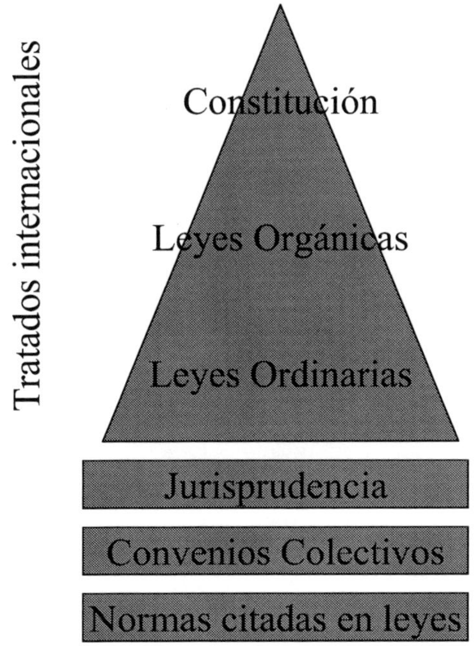

Figura 1: Jerarquía legal

Las sentencias de los tribunales sientan jurisprudencia, deben respetarse mientras no haya una ley específica que trate el caso. Ejemplos:

- Tribunal Supremo 11-02-1985, no considera accidente de trabajo el sufrido por un operario que durante su turno de trabajo y sin pedir permiso abandonó su puesto en la fábrica sufriendo un accidente de tráfico.
- Tribunal Central de Trabajo 20-01-1989, considera existe relación de causalidad y califica como accidente de trabajo, el sufrido por un trabajador cuando regresaba de un acto de conciliación por razón de despido, ya que el desplazamiento para el acto fue asumido por la empresa.
- Tribunal Central de Trabajo 6-10-1982, considera accidente de trabajo al sufrido por, quien siendo mozo de almacén, acudió a efectuar unas reparaciones en la vivienda del empresario por encargo de éste.
- Tribunal Central de Trabajo 18-02-1983, rechaza el carácter de accidente laboral al sufrido por un Oficial 1ª de taller mecánico que realiza una captación de clientes para la empresa sin estar obligado a ello, fuera de la jornada laboral.

Los Convenios Colectivos de las empresas y las normas citadas por las leyes adquieren carácter obligatorio, como si de una ley se tratara.

1.2 Estructura legal sobre Prevención de Riesgos Laborales

La legislación regula con carácter obligatorio las actividades productivas en relación con la seguridad y la higiene. La legislación tiene dos utilidades:

- Concreta el marco de deberes y derechos
- Da orientaciones técnicas concretas a aplicar en algunos casos

Existen 4 niveles de leyes y normas, según su ámbito y nivel de detalle:

- Leyes generales
- Reglamentos
- Instrucciones Técnicas Complementarias (ITC)
- Normas

1.2.1 Leyes generales

Las leyes generales abarcan todos los sectores de actividad y son obligatorias:

- Ley 31/1995 de Prevención de Riesgos Laborales, reformada por la Ley 54/2003 (LPRL).
- Ordenanza general de seguridad e higiene en el trabajo (1971), parcialmente derogada por la ley anterior.
- Directiva marco 89/391/CEE Aplicación de medidas para promover la mejora de la seguridad y de la salud de los trabajadores en el trabajo.
- Otras Directivas Europeas en materia de seguridad de sectores específicos.

1.2.2 Reglamentos

Los Reglamentos tienen ámbito sectorial, unas veces referido a un sector industrial y otras a un agente de riesgo. Son de obligado cumplimiento, entre ellos:

- Reglamento de almacenamiento de productos químicos y sus instrucciones técnicas complementarias. RD 379/2001
- Reglamento de seguridad de máquinas. RD 1495/1986
- Reglamento de aparatos elevadores. RDL 2291/1985
- Reglamento de aparatos a presión. RD 1244/1979
- Reglamento de instalaciones contra incendios. RD 1942/1993
- Reglamento sobre condiciones técnicas y garantías de seguridad en centrales eléctricas, subestaciones y centros de transformación. RD 3275/1982
- Reglamento electrotécnico de baja tensión. RD 842/2002

Que otros hagan las leyes, dejadme a mí los reglamentos
Conde de Romanones

1.2.3 Instrucciones Técnicas Complementarias

Las Instrucciones Técnicas Complementarias (ITC) son desarrollos técnicos completos de obligado cumplimiento, cuyo objetivo es la seguridad y que complementan los Reglamentos en aspectos concretos del trabajo.

Por ejemplo, Instrucciones Técnicas Complementarias del Reglamento de almacenamiento de productos químicos:

MIE APQ-1 Almacenamiento de líquidos inflamables y combustibles
MIE APQ-2 Almacenamiento de óxido de etileno
MIE APQ-3 Almacenamiento de cloro
MIE APQ-4 Almacenamiento de amoníaco anhidro
MIE APQ-5 Almacenamiento de botellas y botellones de gases comprimidos licuados y disueltos a presión
MIE APQ-6 Almacenamiento de líquidos corrosivos
MIE APQ-7 Almacenamiento de líquidos tóxicos
MIE APQ-8 Fertilizantes a base de nitrato amónico

1.2.4 Directivas Europeas

La Unión Europea está configurando, mediante Directivas, un marco donde:

- las condiciones de trabajo de los distintos países son cada vez más similares, sobre todo en seguridad e higiene y
- los productos comercializados cumplen idénticos requisitos de seguridad.

Las Directivas Europeas son incorporadas a la legislación de cada país europeo mediante "transposición".

Transposición no es sólo traducción. Varias Directivas, caso de la Ley de Prevención de Riesgos Laborales, pueden transponerse en un mismo documento legal (ley, reglamento, etc., según ámbito y nivel de detalle) que puede complementarse con disposiciones propias del país, siempre adicionales y nunca en contradicción con las Directivas, que deben transponerse íntegramente, sin recortes (véase figura 2).

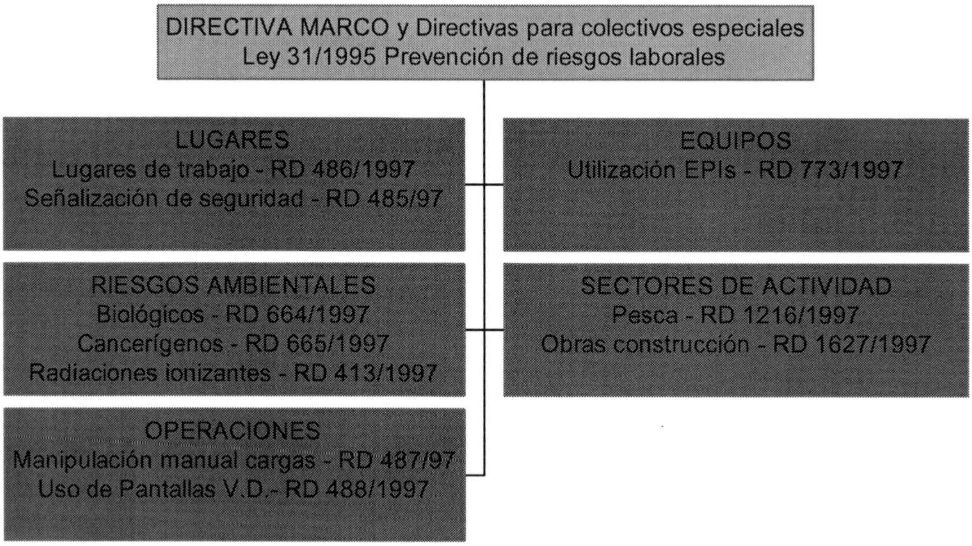

Figura 2: Directivas Europeas

1.3 Normas

Norma es un documento de aplicación voluntaria que contiene especificaciones técnicas basadas en los resultados de la experiencia y del desarrollo tecnológico; son el fruto del consenso entre todas las partes interesadas e involucradas en la actividad objeto de la misma, deben aprobarse por un Organismo de Normalización reconocido.

Las normas son voluntarias, únicamente son de obligado cumplimiento cuando:

- Se haga referencia a ellas en Leyes, Reglamentos o Instrucciones Técnicas Complementarias.
- Sean "armonizadas", en desarrollo de Directivas Europeas. En ese caso solo es obligatoria la parte armonizada, el resto es voluntario.
- Haya acuerdo contractual sobre el cumplimiento de ciertas normas, por ejemplo en acuerdos comerciales.

Aunque las normas sean voluntarias, su existencia supone una obligación en la práctica.

Organismos de normalización:

- Nacionales: AENOR en España, AFNOR en Francia, BS en Reino Unido, DIN en Alemania, UNI en Italia, etc.
- Europeos: CEN, sus normas son obligatoriamente adoptadas por los 25 países de la Unión Europea y otros signatarios (Suiza, Islandia, etc.), para evitar las barreras técnicas al libre comercio en el Mercado Común. Algunas normas europeas son "mandatadas" por la Comisión Europea a CEN en desarrollo de una Directiva, en este caso, se dice que la norma europea es armonizada.
- Internacionales: ISO, sus normas pueden ser adoptadas por cualquier país.

Las normas europeas se transforman obligatoriamente en nacionales concediéndoseles el mismo valor que el de una norma nacional y pasando a formar parte del cuerpo normativo de AENOR mediante:

- Adopción, traduciendo su texto al español.
- Ratificación, se trata de documentos cuyo texto no está traducido al castellano, sólo se procede a la traducción de los títulos de los mismos estando disponible el texto en inglés o francés.

Cada organismo de normalización nombra sus normas mediante un número y una referencia propia:

- UNE en el caso de AENOR (España).
- EN en el caso de CEN (Europa).
- Cuando un organismo adopta una norma de nivel superior antepone su referencia, es el caso de la norma de calidad UNE-EN-ISO 9001, elaborada por ISO, adoptada voluntariamente por CEN y obligatoriamente por AENOR.

Ejemplos de Normas Españolas:

UNE 74151:1992 Acústica. Audiometría liminar tonal por vía aérea a efectos de la conservación de la audición

UNE-EN 1050:1997 Seguridad de las máquinas. Principios para la evaluación del riesgo

2. Ley de Prevención de Riesgos Laborales

2.1 Fundamentos

Exposición de motivos de la Ley 31/1995 de Prevención de Riesgos Laborales, LPRL, reformada por Ley 54/2003:

...los poderes públicos velarán por la seguridad y la higiene en el trabajo...

Artículo 40.2 de la Constitución Española de 1978

...todos los trabajadores tienen derecho a la seguridad y a la higiene en el trabajo.
Artículo 3 de la Carta Social Europea, ratificada por España

...deberá exigirse a los empleadores que garanticen que los lugares de trabajo, la maquinaria, el equipo y las operaciones y procesos son seguros y no entrañan riesgo para la seguridad y la higiene de los trabajadores... ...que los agentes físicos, químicos y biológicos no entrañan riesgos para la salud...
Artículo 16 Convenio OIT 155, ratificado por España

La Directiva comunitaria 89/391/CEE marca el cuerpo básico de garantías y responsabilidades para establecer un adecuado nivel de protección de la salud de los trabajadores frente a los riesgos derivados del trabajo. Es una referencia mínima obligatoria que da marco legal...

Otros fundamentos:

Todo trabajador tiene derecho a trabajar en condiciones que respeten su salud, seguridad y dignidad.
Artículo II-91.1 Proyecto de Tratado de Constitución Europea

2.2 Directivas transpuestas

La Ley de Prevención de Riesgos Laborales transpone las Directiva Europeas:

- "Directiva Marco" 89/391/CEE Aplicación de medidas para promover la mejora de la seguridad y de la salud de los trabajadores en el trabajo
- 91/383/CEE Medidas tendentes a promover la mejora de la seguridad y de la salud en el trabajo de los trabajadores con una relación laboral de duración determinada o ETT
- 92/85/CEE Medidas para promover la mejora de la seguridad y de la salud en el trabajo de la trabajadora embarazada, que haya dado a luz o en periodo de lactancia
- 94/33/CEE Protección de los jóvenes.

2.3 Objetivo y Principios de la acción preventiva

Artículo 5. Objetivo: LA PREVENCIÓN
La política en materia de prevención tendrá por objeto... elevar el nivel de protección de la seguridad y la salud de los trabajadores...

Artículo 15 Principios de la acción preventiva:

1) *Evitar los riesgos.*
El principio tiene escasa viabilidad, pues suprimir el riesgo suele implicar suprimir la actividad.

2) *Evaluar los riesgos que no se puedan evitar.*
La evaluación es el punto de partida de la planificación de la acción preventiva.

3) *Combatir los riesgos en su origen.*
Eliminar el riesgo en la fuente evita su presencia en otras zonas.

4) *Adaptar el trabajo a la persona, en particular en lo que respecta a la concepción de los puestos de trabajo, así como a la elección de los equipos y los métodos de trabajo y de producción, con miras, en particular, a atenuar el trabajo monótono y repetitivo y a reducir los efectos del mismo en la salud.*

5) *Tener en cuenta la evolución de la técnica.*
Nuevas máquinas, sustancia, métodos,... más seguros.

6) *Sustituir lo peligroso por lo que entrañe poco o ningún peligro.*
Ejemplos: supresión del plomo como pigmento en pinturas y sustitución de pinturas con disolventes orgánicos por agua.

7) *Planificar la prevención, buscando un conjunto coherente que integre en ella la técnica, la organización del trabajo, las condiciones de trabajo, las relaciones sociales y la influencia de los factores ambientales en el trabajo.*
Es imprescindible conocer la situación real en cada empresa.

8) *Adoptar medidas que antepongan la protección colectiva a la individual.*
Evitar los EPIs, siempre molestos.

9) *Dar las debidas instrucciones a los trabajadores.*
No sólo QUÉ hacer, sino CÓMO hacerlo para que sea seguro.

10) *Considerar las capacidades profesionales de los trabajadores en materia de seguridad y de salud en el momento de encomendarles las tareas.*
Conocimientos, condiciones físicas y psíquicas,...

11) *Adoptar las medidas necesarias a fin de garantizar que sólo los trabajadores que hayan recibido información suficiente y adecuada puedan acceder a las zonas de riesgo grave y específico.*

12) *Prever las distracciones o imprudencias no temerarias.*
Se tendrán en cuenta los riesgos adicionales que pudieran implicar determinadas medidas preventivas, las cuales sólo podrán adoptarse cuando la magnitud de dichos riesgos sea substancialmente inferior a la de los que se pretende controlar y no existan alternativas más seguras.

13) *Podrán concertar operaciones de seguro que tengan como fin garantizar como ámbito de cobertura la previsión de riesgos derivados del trabajo, la empresa respecto de sus trabajadores, los trabajadores autónomos respecto a ellos mismos y las sociedades cooperativas respecto a sus socios cuya actividad consista en la prestación de su trabajo personal.*

2.4 Obligaciones del empresario

2.4.1 Condiciones y organización del trabajo

Garantizar que los equipos de trabajo sean los adecuados para el trabajo a realizar y estén a tal efecto convenientemente adaptados, de forma que garanticen la seguridad y la salud de los trabajadores al utilizarlos (Art. 17).

Proporcionar a los trabajadores equipos de protección adecuados para el desempeño de sus funciones y velar por el uso efectivo de los mismos (Art. 17).

Analizar las medidas a adoptar en situaciones de emergencia en función del tamaño, actividad y posible presencia de personas ajenas a la empresa y garantizar el cumplimiento de dichas medidas con contrataciones externas si es necesario (primeros auxilios, salvamento, etc.) (Art. 20).

Adoptar las medidas y dar las instrucciones necesarias para que, en caso de peligro grave e inminente, los trabajadores puedan abandonar de inmediato el lugar de trabajo (Art. 21).

- De ahí los Planes de Autoprotección y de Emergencia

2.4.2 Organización preventiva

Implantación y aplicación del "Plan de Prevención de Riesgos Laborales" con la estructura organizativa, las responsabilidades, las funciones, las prácticas, los procedimientos, los procesos y los recursos necesarios par realizar la acción de prevención de riesgos (Art. 16) integrado en la gestión de la Empresa (reforma Ley 54/2003).

Evaluación de riesgos (Art. 16).

Adopción de las medidas de prevención necesarias, resultantes de la evaluación: Planificación de la Actividad Preventiva (Art. 16).

Realizar controles periódicos de las condiciones de trabajo y de la actividad de los trabajadores en la prestación de sus servicios, cuando el resultado de la evaluación lo hiciera necesario (Art. 16).

Elaborar y conservar a disposición de la autoridad laboral y sanitaria la documentación relativa a las obligaciones establecidas (Art. 23).

Documentación mínima:

1) Plan de Prevención de Riesgos Laborales. Su implantación y aplicación deberán integrarse en la gestión de la empresa, tanto en el conjunto de sus actividades como en todos los niveles jerárquicos.
2) Evaluación de riesgos, incluido el resultado de los controles de condiciones de trabajo y actividad.
3) Planificación de la actividad preventiva, incluidas Medidas de protección y prevención adoptadas y material de protección a utilizar.
4) Controles de salud de los trabajadores y sus conclusiones.
5) Relación de accidentes de trabajo y enfermedades profesionales.
6) Si fuera de aplicación, datos de evaluación, control ambiental y vigilancia médico-laboral sobre: Amianto, Cloruro de vinilo monómero, Plomo, Ruido y Radiaciones ionizantes.

2.4.3 Obligaciones respecto a los trabajadores

Garantizar la seguridad y la salud de los trabajadores a su servicio en todos los aspectos relacionados con el trabajo.

Informar a los trabajadores sobre los riesgos que supone para su seguridad y salud la ejecución de su trabajo y las medidas de protección y de prevención adoptadas por el empresario, así como, de las medidas de emergencia adoptadas (Art. 18).

Consultar a los trabajadores y permitir la participación en todas las cuestiones que afecten a la seguridad y a la salud en el trabajo (Art. 18).

Dar formación teórica y práctica de los riesgos y medidas que afecten de forma directa al trabajador. Se dará cuando el trabajador ingrese en la empresa y deberá actualizarse siempre que sea necesario (cambio de puesto o función, cambios en los métodos o equipos de trabajo) y repetirse periódicamente. El tiempo dedicado a esta formación deberá tener la consideración de tiempo de trabajo (Art. 19).

Garantizar reconocimientos médicos periódicos en función de los riesgos inherentes al trabajo (Art. 22). La vigilancia de la salud es obligatorio ofertarla y optativo aceptarla (en algunos casos puede ser obligatorio).

2.4.4 Obligaciones para colectivos específicos

Garantizará de manera específica la protección de los trabajadores sensibles a determinados riesgos. Al realizar la evaluación de riesgos, tendrá en cuenta a dichos trabajadores y adoptará las medidas de prevención y protección necesarias (Art. 25).

En caso de existencia de riesgos de posible repercusión para trabajadoras en situación de embarazo o parto reciente se adoptarán las medidas necesarias de prevención. En el caso de no ser factible la adopción de dichas medidas, se las cambiará de función o puesto de trabajo (Art. 26).

En la evaluación de riesgos se considerarán los riesgos específicos para la salud, seguridad y desarrollo de los trabajadores menores de edad derivados de su falta de experiencia o inmadurez (Art. 27).

Los trabajadores temporales deberán disfrutar del mismo nivel de protección en materia de seguridad y salud que los restantes trabajadores (Art. 28).

Reparto de obligaciones para trabajadores de empresas de trabajo temporal (Art. 28):

- Empresa usuaria: responsable de la seguridad y salud del trabajador así como del deber de información. Debe exigir constancia documental de información de riesgos, medidas preventivas, formación y estado de salud de los trabajadores puestos a disposición.
- ETT: responsable en materia de formación y vigilancia de la salud.

Cualquier pacto (con ETTs, subcontratistas,...) que tenga por objeto la elusión de la responsabilidad solidaria definida será nulo y no produce efecto alguno (reforma Ley 54/2003).

2.4.5 Coincidencia de actividades empresariales

En caso de coincidencia en un mismo centro de trabajo de trabajadores de dos o más empresas, se establecerán los medios de coordinación entre ellas para cumplir con las obligaciones anteriores.

- Empresas de mera coincidencia física sin vínculo contractual: Cooperación en la aplicación de la normativa sobre PRL.
- Empresas con vínculo contractual y coincidencia en un mismo medio de trabajo: obligación de la empresa principal de dar información a las empresas contratadas y vigilar el cumplimiento por dichos contratistas y subcontratistas de la normativa sobre PRL.
- Empresas con vínculo contractual que deban operar con maquinaria, equipos, materias primas o útiles proporcionados por la empresa principal, aunque no presten sus servicios en centros de trabajo de esta: obligación de informar

para que la utilización y manipulación se produzca sin riesgos para la seguridad y salud de los trabajadores.

Nota aclaratoria:
Contrata: las empresas tienen por objeto actividades diferentes.
Subcontrata: las empresas tienen por objeto la misma actividad.

2.5 Obligaciones de los trabajadores

Velar por su propia seguridad en el trabajo; y así mismo por la de las personas a las que puede afectar su actividad profesional (Art. 29):

- Usar adecuadamente los medios con los que desarrolle su actividad: máquinas, aparatos, herramientas, sustancias peligrosas, equipos de transporte, etc.
- Utilizar correctamente los medios y equipos de protección que se hayan facilitado al trabajador.
- No poner fuera de funcionamiento los dispositivos de seguridad existentes.
- Informar de inmediato a su superior jerárquico directo y a los trabajadores designados para realizar tareas de prevención, o en su caso, al Servicio de Prevención, acerca de cualquier situación que, a su juicio, entrañe un riesgo para la seguridad y la salud suya o del resto de los trabajadores.
- Contribuir al cumplimiento de las obligaciones establecidas por la autoridad competente con el fin de proteger la seguridad y la salud de los trabajadores.
- Cooperar con el empresario para que este pueda garantizar condiciones de trabajo seguras.

2.6 Obligaciones de los fabricantes, importadores y suministradores (Art. 41)

a) de maquinaria, equipos y útiles de trabajo

- Asegurar que la maquinaria, equipos, productos y útiles de trabajo no constituyen una fuente de peligro para el trabajador, siempre que sean instalados y utilizados en las condiciones, forma y para los fines recomendados por ellos.

- Suministrar la información que indique la forma correcta de utilización por los trabajadores, las medidas preventivas adicionales que deban tomarse y los riesgos laborales que conlleven tanto su uso normal, como su manipulación o empleo inadecuado.

b) de productos y sustancias químicas

- Envasarlas de modo que permita su conservación y manipulación en condiciones de seguridad.

- Etiquetarlos de modo que permita la identificación clara de su contenido y los riesgos en su almacenamiento y manipulación.

- Suministrar información sobre su correcta utilización, medidas preventivas y riesgos que implican su uso normal o empleo inadecuado.

c) de elementos para la protección de los trabajadores

- Asegurar su efectividad, si se instalan y usan en la forma recomendada por ellos.

- Suministrar información que indique el tipo de riesgo al que van dirigidos, nivel de protección frente al mismo y forma correcta de uso y mantenimiento.

3. Normativa de prevención aplicable en la empresa

En cada una de las empresas son de aplicación:
- Ley de Prevención de Riesgos Laborales.
- Reglamentos e Instrucciones Técnicas Complementarias.
- Otras Normas.
- Convenio Colectivo.

En los convenios colectivos se podrá desarrollar la LPRL y los reglamentos llevando sus obligaciones a ámbitos más específicos del centro de trabajo, de la empresa o de la demarcación territorial o profesional del convenio. Las disposiciones sobre prevención tienen el carácter de derecho necesario mínimo indispensable, pudiendo ser mejoradas por medio de los convenios colectivos, pero en ningún caso puede renunciarse a los derechos de protección reconocidos.

4. Responsabilidades y sanciones

El empresario tiene la mayor parte de las obligaciones y le corresponden la mayor parte de las responsabilidades. También son responsables los demás componentes de la empresa: equipo directivo, mandos intermedios y trabajadores, en virtud de las obligaciones que les corresponden, véase figura 3.

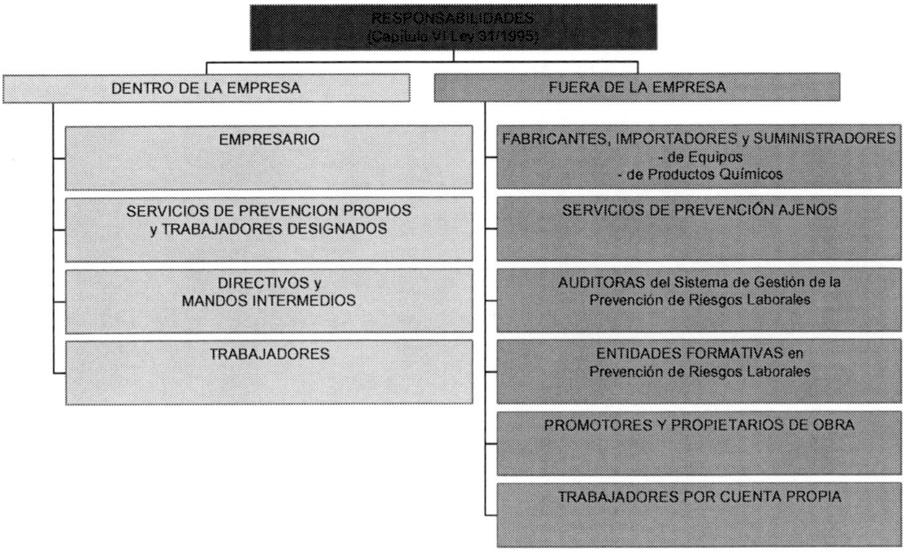

Figura 3: Responsabilidades

4.1 Responsabilidades empresariales

1) Responsabilidad Civil: Código Civil y Código Penal.

2) Responsabilidad Penal: Código Penal.

3) Responsabilidad de Seguridad Social: Ley General de la Seguridad Social.

4) Responsabilidad Administrativa: Leyes 31/1995 de Prevención de Riesgos Laborales y 50/1998 de Medidas Fiscales, Administrativas y de Orden Social.

4.1.1 Responsabilidad Civil

Responsabilidad Civil: el empresario deberá indemnizar al trabajador por los daños producidos en su seguridad y salud, como consecuencia del contrato que les une.

Tiene carácter reparador, frente al carácter sancionador del resto de las responsabilidades.

Para los trabajadores de Empresas de Trabajo Temporal, ETTs, podría darse el caso de responsabilidad extracontractual frente a la empresa usuaria.

Legislación: Ley 31/1995 art. 42
Código Civil art. 1101 y sig. y 1902 y sig.
Código Penal art. 109-122

4.1.2 Responsabilidad Penal

Responsabilidad Penal: "*Los que con infracción de las normas de prevención de riesgos laborales, y estando legalmente obligados, no faciliten los medios necesarios para que los trabajadores desempeñen su actividad con las medidas de seguridad e higiene adecuada, de forma que pongan en peligro grave su vida, salud o integridad física, serán castigados con las penas de prisión de seis meses a tres años y multa de seis a doce meses*".

Código Penal art. 316

4.1.3 Responsabilidad de Seguridad Social

Responsabilidad de Seguridad Social: Las prestaciones se incrementarán de un 30 a un 50% cuando "*la lesión se produzca por máquinas, artefactos o en instalaciones, centros o lugares de trabajo que carezcan de los dispositivos de precaución reglamentarios, los tengan inutilizados o en malas condiciones, o cuando no se hayan observado las medidas generales o particulares de seguridad e higiene en el trabajo o las elementales de salubridad o las de adecuación personal a cada trabajo, habida cuenta de sus características y de la edad, sexo y demás condiciones del trabajador*".

Ley General de la Seguridad Social art. 123

4.1.4 Responsabilidad Administrativa

Calificación de las infracciones que generan Responsabilidad Administrativa (RDL 5/2000):

- Leves (art. 46): incumplimientos formales, documentales o de obligaciones sin efectos graves sobre la seguridad y salud de los trabajadores. En general, todas las que no son graves o muy graves.
- Graves (art. 47): hay una gran cantidad de ellas. En particular, incumplimientos en materia de formación e información acerca de los riesgos en el puesto de trabajo.
- Muy graves: incumplimientos que crean situaciones de riesgo grave o vulneran obligaciones respecto a trabajadores de especial protección. Por ejemplo, superar límites de exposición a agentes nocivos.

Graduación (art. 49) mínima, media o máxima, tomando en consideración:

- Peligrosidad de las actividades de la empresa.
- Carácter de los riesgos, permanentes o transitorios.
- Gravedad de los daños producidos o que hubieran podido producirse.
- Número de trabajadores afectados.
- Medidas de protección individual o colectiva adoptadas e instrucciones impartidas para prevenir riesgos.

- Incumplimiento de advertencias o requerimientos previos a la inspección.
- Inobservancia de propuestas realizadas por los servicios de prevención, los Delegados de prevención o el Comité de Seguridad y Salud.
- Conducta general del empresario en orden a la observancia de la normativa.

Las sanciones administrativas se establecen en función de calificación y de graduación, según la tabla 1.

Graduación / Calificación		Mínimo	Medio	Máximo
Leve	Pts	5.000-50.000	50.001-100.000	100.001-250.000
	€	**30,05-300,51**	**300,51-601,01**	**601,02-1.502,53**
Grave	Pts	250.001-1.000.000	1.000.001-2.500.000	2.500.001-5.000.000
	€	**1.502,54-6.010,12**	**6.010,13-15.025,30**	**15.025,31-30.050,61**
Muy Grave	Pts	5.000.001-20.000.000	20.000.001-50.000.000	50.000.001-100.000.000
	€	**30.050,61-120.202,42**	**120.202,43-300.506,05**	**300.506,06-601.012,10**

Tabla 1: Sanciones Administrativas

Procedimiento: "*Corresponde a la Inspección de Trabajo y Seguridad Social la función de la vigilancia y control de la normativa sobre prevención de riesgos laborales*" (Art. 9)

Por propia iniciativa o por recurso de los trabajadores, la Inspección de Trabajo y Seguridad Social realizará visitas a los centros de trabajo para comprobar el cumplimiento de la normativa. En caso de infracción, se actuará:

- **Requerimientos al empresario**, por escrito, para subsanar las deficiencias. Si el requerimiento se incumple se levantará acta de infracción.
- **Procedimiento sancionador** por infracciones administrativas, especificando los criterios para la sanción.
- **Paralización de la actividad**, en caso de riesgo grave e inminente.

A la vista de la propuesta de sanción de la inspección, la Autoridad Laboral competente determinará la sanción.

Autoridad Laboral Competente para imponer sanciones administrativas:

- Autoridad Laboral de la Comunidad Autónoma, si la competencia está transferida.
- Autoridad Laboral Nacional, si no está transferida, en este caso,
    - la Provincial hasta 30.050,61 €;
    - el Director General de Trabajo hasta 90.151,82 €;
    - el Ministro de Trabajo hasta 300.506,06 € o
    - el Consejo de Ministros hasta 601.012,10 €

En expedientes con varias las infracciones será competente el órgano que haya de imponer la sanción de mayor cuantía.

Responsabilidad Administrativa. Ejemplos de sanciones:

- Falta de limpieza en el centro de trabajo que no suponga riesgos.
- No dar cuenta a la Autoridad Laboral de accidentes de trabajo leves.
    - ➢ Sanción de 301 a 1.503 Euros

- Carecer de Planes de Seguridad y Salud.
- No realizar reconocimientos médicos.
- No adoptar medidas en primeros auxilios, lucha contra incendios y evacuación.
    - ➢ Sanción de 1.503 a 30.051 Euros

- No observar normas de protección a embarazadas.
- No suspender la actividad a requerimiento de la inspección.
    - ➢ Sanción de 30.051 a 601.012 Euros

La reincidencia puede duplicar la graduación e incrementar la sanción. Reincidencia: cuando se comete una infracción del mismo tipo y calificación que la motivadora de una sanción anterior en el término de un año desde su comisión, siempre que la resolución de sanción sea firme (artículo 50 Ley 31/1995).

4.1.5 Otras medidas sancionadoras

Publicidad (art. 49.5) Las sanciones pueden ser publicadas en la forma que se determine.

Suspensión o cierre del centro (art. 53).

Limitaciones de contratación con la administración (art. 54), máximo 5 años por infracciones administrativas y 8 años en caso de condena mediante sentencia firme.

Cancelación de la acreditación (art. 36 Ley 50/98), para las empresas que actúen como Servicios de Prevención, Auditoras o de Formación en PRL.

4.1.6 Casos de concurrencia

Concurrencia de responsabilidades: las responsabilidades civil, administrativa y de la Seguridad Social son independientes y compatibles entre sí. Todas ellas, excepto la administrativa, son compatibles con la penal.

Concurrencia de administraciones sancionadoras: cuando un mismo hecho responda a distintos fundamentos (por ejemplo, emisión que dañe al medio ambiente y a la salud de los trabajadores) cabe imponer varias sanciones, por parte de cada una de las Administraciones competentes.

Concurrencia de empresarios: la empresa principal responderá solidariamente, de igual modo y por la misma cantidad, con la empresa contratista o subcontratista en relación con los trabajadores afectados si la infracción se produce en el centro de trabajo del empresario principal mientras dure la contrata. Es aplicable a las responsabilidades administrativas, civil y de Seguridad Social, pero no a las penales por su carácter personal.

Concurrencia empresa usuaria – Empresa de Trabajo Temporal (ETT):
La ETT será responsable cuando incumpla los deberes de formación, vigilancia de la salud y cuando omita incluir en el contrato la existencia de riesgos profesionales. La ETT deberá acreditar documentalmente a la empresa usuaria que el trabajador puesto a su disposición ha recibido información sobre riesgos y medidas preventivas, posee la formación necesaria y su estado de salud es compatible con el puesto.

La empresa usuaria será responsable cuando incumpla los deberes de:
- Información al trabajador y a la ETT de los riesgos existentes.
- Informar a Delegados de Prevención y Servicio de Prevención o trabajadores designados la incorporación de estos trabajadores.
- Mantener la protección adecuada de las condiciones de ejecución del trabajo.
- Tener constancia del cumplimiento de las obligaciones de la ETT antes de permitir la prestación de servicios a un trabajador.

Las responsabilidades recaen principalmente sobre la empresa usuaria, ya que a ésta le corresponde el control y vigilancia del medio de trabajo.

4.2 Responsabilidades de los trabajadores

No hay disposiciones legales que regulen la responsabilidad de los trabajadores en cuanto a Prevención de Riesgos Laborales, por lo que les afecta de modo general el artículo 58.1 del Estatuto de los Trabajadores: "*los trabajadores podrán ser sancionados por la dirección de las empresas en virtud de incumplimientos laborales, de acuerdo con la graduación de faltas y sanciones que se establezcan en las disposiciones legales o con el convenio colectivo que sea aplicable.*"

El mismo régimen sancionador es aplicable a Delegados de Prevención, Trabajadores Designados y Servicios de Prevención por vulnerar la confidencialidad.

4.3 Responsabilidades de los fabricantes

Los fabricantes españoles serán responsables durante 10 años de los daños ocasionados a los consumidores por un producto defectuoso, tanto si se trata de lesiones personales como de daños materiales. Por producto defectuoso se entiende aquel que no ofrezca la seguridad que cabría esperar considerando su presentación, su uso y el momento de su puesta en circulación.

El fabricante o importador del producto causante de daños no será responsable si prueba que no había puesto en circulación el producto o que el defecto no existía cuando lo hizo.

TEMA 3 – ORGANIZACIÓN PREVENTIVA

1. Organización preventiva en la empresa

La organización preventiva sirve para asegurar el cumplimiento de las obligaciones en materia de seguridad y salud laboral (LPRL), así como la administración de todas las actividades relacionadas con la prevención.

Existen 3 instrumentos para la prevención en la empresa:

- Representantes de los trabajadores:
    - Delegados de prevención.
- Representantes de los trabajadores y de la empresa:
    - Comité de Seguridad y Salud.
    - Comité Intercentros.
- Medios para afrontar el deber de prevención por parte del empresario:
    - Propio empresario.
    - Trabajadores designados.
    - Servicio de Prevención: propio, mancomunado o ajeno; mutuas de Accidentes de Trabajo y Enfermedades Profesionales.

1.1 Delegados de prevención (Capítulo V LPRL)

El empresario deberá consultar a los trabajadores, y permitir su participación, en el marco de todas las cuestiones que afecten a la seguridad y a la salud en el trabajo (Art. 18), lo que se hará a través de los Delegados de Prevención.

Los Delegados de Prevención se eligen entre los representantes de personal, es decir, por y entre los Delegados de Personal o en el seno del Comité de Empresa.

En los centros de trabajo que carezcan de representantes de los trabajadores por no existir trabajadores con antigüedad suficiente para ser electores o elegibles, los trabajadores podrán elegir por mayoría a un trabajador que ejerza las funciones de Delegado de Prevención, hasta que se reúnan los requisitos para poder celebrar la elección.

Los Convenios Colectivos podrán establecer otros sistemas de designación de los Delegados de Prevención, siempre que se garantice que la facultad de designación corresponde a los representantes del personal o a los propios trabajadores.

El número de Delegados de Prevención es función del total de trabajadores (Art. 35):

De 7 a 30 trabajadores	1 (el Delegado de Personal)
De 31 a 49 trabajadores	1 Delegado de prevención
De 50 a 100 trabajadores	2 Delegados de prevención
De 101 a 500 trabajadores	3 Delegados de prevención
De 501 a 1000 trabajadores	4 Delegados de prevención
De 1001 a 2000 trabajadores	5 Delegados de prevención
De 2001 a 3000 trabajadores	6 Delegados de prevención
De 3001 a 4000 trabajadores	7 Delegados de prevención
De 4001 trabajadores en adelante	8 Delegados de prevención

En empresas de hasta 6 trabajadores la Ley no regula como se articula el derecho de participación de los trabajadores. La consulta se hará directamente a los trabajadores.

A efectos de determinar el número de Delegados de Prevención se tendrán en cuenta los siguientes criterios:

- Los trabajadores con contrato temporal superior a un año se computarán como fijos.
- Los contratados por término de hasta un año se computarán según el número de días trabajados en el período de un año anterior a la designación. Cada doscientos días trabajados o fracción se computarán como un trabajador más.

Los Delegados de Prevención son representantes especializados, tienen competencias y facultades (Art. 36):

- **Competencias**: funciones que la ley asigna.
- **Facultades**: derechos de que disponen para cumplir sus funciones.

La especialización es la acumulación en una misma persona de las tareas representativas propias del órgano más general del que forma parte y de las funciones más específicas en materia de salud laboral.

La especialización no es clara en lo que se refiere a competencias, garantías y facultades que se reconocen a los Delegados de Prevención, puesto que muchas de ellas ya pertenecen al órgano representativo del que forman parte como representantes de los trabajadores.

1.1.1 Competencias

Competencias de los Delegados de Prevención:

- Colaborar con la empresa en la acción preventiva.
- Promover y fomentar la colaboración de los trabajadores: tarea de motivación para el cumplimiento de la normativa laboral.

- Ejercer labores de vigilancia y control de cumplimiento de la normativa: puede llevar a quejas o denuncia ante las instancias adecuadas.
- Ser consultado por el empresario, con carácter previo a su ejecución, sobre decisiones relacionadas con la seguridad laboral.

1.1.2 La Consulta

La consulta es una acción empresarial dirigida a los representantes de los trabajadores en solicitud de opinión acerca de ciertas materias o aspectos relacionados con la seguridad y sobre las que el empresario quiere, debe o puede adoptar una decisión.

La consulta puede ser una vía de influencia en la decisión, aunque no queda clara la toma de decisiones.

La consulta debe hacerse con la debida antelación, previamente a la ejecución de la decisión por parte del empresario.

La respuesta de los Delegados no puede demorarse más de 15 días y en el caso de medidas para prevenir riesgos inminentes, se responderá en el tiempo mínimo imprescindible.

Transcurrido el plazo sin respuesta, el empresario podrá poner en práctica su decisión.

Materias que el empresario está obligado a consultar:

- Aspectos de la actividad productiva con incidencia en la seguridad y salud: planificación y organización del trabajo; introducción de nuevas tecnologías; acciones que repercutan en la seguridad y la salud.
- Actividades reguladas en la LPRL: organización de actividades de prevención y protección; designación del servicio de prevención (propio, ajeno, etc.); designación del personal de emergencias; proyectos de información, formación y documentación; Equipos de Protección Individual (EPIs),...

1.1.3 Facultades

Acceso a la información relativa a seguridad y salud en la empresa: accidentes de trabajo, evaluaciones de riesgos, planificación de los servicios de prevención,...

Acompañar a los técnicos en las evaluaciones y a la inspección de trabajo en sus visitas, como receptores de opiniones, quejas o sugerencias de los trabajadores, pudiendo formular ante ellos las observaciones que estimen oportunas.

Visitar lugares de trabajo para comprobar condiciones de seguridad, pudiendo acceder a cualquier zona durante la jornada de trabajo, sin alterar el normal desarrollo del trabajo.

Recabar del empresario medidas de prevención y protección.

Ante un riesgo inminente:
- Proponer la paralización de actividades al Comité.
- Adoptar ellos mismos, por mayoría, esta resolución si no es posible reunir al Comité.

1.1.4 Garantías

Las Garantías de los Delegados de Prevención son las propias de su condición de representantes de los trabajadores (Art. 68 Estatuto de los Trabajadores):

- Disponer del crédito horario establecido, que no se verá incrementado por el desempeño de tareas como Delegado de Prevención:

Hasta 100 trabajadores	15 horas mensuales
De 101 a 250 trabajadores	20 horas mensuales
De 251 a 500 trabajadores	30 horas mensuales
De 501 a 750 trabajadores	35 horas mensuales
Más de 751 trabajadores	40 horas mensuales

  En el Convenio Colectivo podrá pactarse la acumulación de horas en uno o varios delegados, pudiendo quedar relevados del trabajo sin perjuicio de su remuneración.

  El artículo 37.1 abre una puerta a un incremento indirecto del total del crédito horario en la medida que se considera tiempo de trabajo efectivo y **sin imputación al crédito horario** el que se dedique a:
  - Reuniones del Comité de Seguridad y Salud.
  - Otras reuniones relacionadas con la prevención que hubieran sido convocadas por el empresario.
  - Las visitas de acompañamiento a técnicos e inspectores.
  - Recibir información sobre accidentes ocurridos en el centro de trabajo, así como el traslado al lugar de producción de daños con la finalidad de conocer las circunstancias de los mismos.

- Formación adecuada a cargo de la empresa, dentro de la jornada laboral o considerada tiempo de trabajo a todos los efectos.

- Contar con los medios para el ejercicio de sus funciones.

1.1.5 Obligaciones

Mantener "sigilo profesional" respecto a las informaciones a que tuviese acceso como consecuencia de su actuación (Artículo 65.2 del Estatuto de los Trabajadores).

1.2 Comité de Seguridad y Salud

El Comité de Seguridad y Salud es el órgano paritario colegiado destinado a la consulta regular y periódica de las actuaciones de la empresa en materia de prevención de riesgos (Art. 38.1 Ley 31/1995).

Es obligatorio formar Comités en las empresas o centros con 50 ó más trabajadores.

El número de Delegados de Prevención es igual que el número de vocales designados por la empresa, éstos deben:

- Ser capaces de comprender la problemática en materia de prevención.
- Encontrarse lo más próximos posible a los lugares de trabajo.

El propio Comité establece su reglamento. Las reuniones deben celebrarse, al menos, trimestralmente.

Las empresas con varios centros dotados de Comités de Seguridad y Salud podrán acordar con sus trabajadores la creación de un **Comité Intercentros**.

1.2.1 Competencias

Participar en la elaboración, puesta en marcha y evaluación de los Planes y Programas de Prevención de Riesgos:

- Proyectos de Planificación de la prevención, organización del trabajo e introducción de nuevas tecnologías.
- Organización y desarrollo de actividades de protección y prevención: Evaluación de riesgos, Información, Vigilancia de la salud,...
- Proyecto y organización de la formación en materia preventiva.

Realizar propuestas de mejora o de corrección en las condiciones de salud y seguridad: promover iniciativas sobre métodos y procedimientos para la efectiva prevención.

Las Organizaciones Empresariales denuncian incoherencia con el Estatuto de los Trabajadores, que establece la competencia del empresario en "Organización del Trabajo".

1.2.2 Facultades

Es facultad del Comité de Seguridad y Salud conocer sobre:

- Memoria y programación anual de los Servicios de Prevención.
- Daños producidos a la salud o a la integridad física de los trabajadores.
- Documentos e informes relativos a las condiciones de trabajo.

El empresario está obligado a proporcionar la información al Comité, directamente, o a través de los Servicios de Prevención.

Realizará visitas cuando precise un conocimiento directo de la situación de seguridad en la empresa.

1.3 Servicios de prevención

Se entenderá como servicio de prevención el conjunto de medios humanos y materiales necesarios para realizar las actividades preventivas a fin de garantizar la adecuada protección de la seguridad y la salud de los trabajadores, asesorando y asistiendo para ello al empresario, a los trabajadores y a sus representantes (Delegados de Prevención) *y a los órganos de representación especializados* (Comité de Seguridad y Salud). (Art. 31.2)

Legislación: Capítulo IV Ley Prevención Riesgos Laborales.
Capítulo III Reglamento Servicios Prevención.

1.3.1 Funciones

Son Funciones del Servicio de Prevención (Art. 31.3):

- El diseño, aplicación y coordinación de los Planes y Programas de actuación preventiva.
- La evaluación de los factores de riesgo que pueden afectar a la seguridad y la salud de los trabajadores.
- La determinación de las prioridades en la adopción de las medidas preventivas adecuadas y la vigilancia de su eficacia.
- La información y formación de los trabajadores.
- La prestación de los primeros auxilios y planes de emergencia.
- La vigilancia de la salud de los trabajadores en relación con los riesgos derivados del trabajo.

1.3.2 Modalidades

El Reglamento de los Servicios de Prevención (RD 39/1997 y RD 780/1998) específica qué modalidades debe adoptar el empresario para realizar la acción preventiva, en función del número de trabajadores y la peligrosidad de las actividades, determinada por encontrarse recogidas en al Anexo I de dicho Reglamento o no. En la tabla 1 se recogen las posibles modalidades de los Servicios de Prevención, que se describen a continuación.

EMPRESA	Empresario	Trabajador Designado	Servicio de Prevención Propio	Servicio de Prevención Ajeno
≤ 6 trabajadores	Opcional (no es Anexo I). Formado y presente en centro trabajo	Opcional	1. Opcional 2. Por orden autoridad laboral	1. Opcional 2. Por orden autoridad laboral
> 6 y ≤ 500 trabaj. ó ≤ 250 trabaj. Anexo I		Opcional	1. Opcional 2. Por orden autoridad laboral	1. Opcional 2. Por orden autoridad laboral
> 500 trabaj. ó > 250 trabaj. Anexo I			Obligatorio	Funciones no asumidas por S.P. Propio

Tabla 1: Modalidades de los Servicios de Prevención

Empresario:

- Debe estar en el centro de trabajo de forma habitual.
- Capacitado para la función preventiva que vaya a realizar. El resto debe concertarlo con un Servicio de Prevención Ajeno.

Trabajadores designados:

- Su número, medios y tiempo de desempeño deben ser los necesarios para el desarrollo de las funciones.
- No es preciso tener dedicación exclusiva a la Prevención.
- Capacitados para la función preventiva que vayan a realizar. El resto debe concertarlo con un Servicio de Prevención Ajeno.

Servicio de Prevención Propio:

- Personal propio en plantilla con dedicación exclusiva a la prevención.
- Instalaciones, recursos materiales y humanos adecuados para las funciones a realizar.
- Personal capacitado en, al menos, dos de las especialidades establecidas (Seguridad, Higiene, Ergonomía y psicosociología y Medicina del trabajo), así como personal suficiente para las funciones media y básica.
- Elabora memoria y programación anuales.
- Debe someterse a auditoria cada 5 años.
- Las funciones que no asuma deben concertarse con un Servicio de Prevención Ajeno.

1.3.3 Formación y Funciones de los miembros

a) NIVEL BÁSICO

Cualificación: Curso de 30 horas (50 horas en actividad del Anexo I).

Funciones:

- Promover los comportamientos seguros y la cooperación de los trabajadores.
- Promover actuaciones básicas: orden, limpieza, señalización,...
- Colaborar en la evaluación y el control de los riesgos, efectuando visitas de comprobación, atención a quejas y sugerencias, registro de datos,...
- Actuar en caso de emergencia y primeros auxilios, directamente o gestionando las primeras intervenciones.
- Cooperar con los servicios de prevención.

b) NIVEL INTERMEDIO

Cualificación: Especialidad de Formación Profesional, FP de 3 años (anteriormente curso de 300 horas).

Funciones:

- Promover la prevención en la empresa.
- Realizar evaluaciones de riesgos, salvo las reservadas al nivel superior.
- Proponer medidas para el control y reducción de los riesgos, o recurrir al nivel superior, a la vista de los resultados de la evaluación.
- Realizar actividades de información y formación básica a trabajadores.
- Vigilar el cumplimiento del programa de control y reducción de riesgos.
- Participar en la planificación de la actividad preventiva.
- Dirigir las actuaciones en casos de emergencia y primeros auxilios.
- Colaborar con los servicios de prevención.
- Cualquier otra función asignada como auxiliar del nivel superior.

c) NIVEL SUPERIOR

Cualificación: titulación universitaria y curso de 600 horas con especialidades de:

- Seguridad en el trabajo.
- Higiene Industrial.
- Ergonomía y psicosociología aplicadas.
- Medicina laboral.

Funciones:

- Las tareas del nivel anterior.
- La realización de evaluaciones de riesgos cuyo desarrollo exija el establecimiento de una estrategia de medición o una interpretación de los criterios de evaluación.

- La formación e información de carácter general, a todos los niveles.
- La planificación de la actividad preventiva.
- La evaluación de la eficacia y eficiencia de la actividad preventiva.

1.3.4 Servicios de Prevención Ajenos

Cuando la empresa no asuma totalmente la actividad preventiva *...el empresario deberá recurrir a uno o varios servicios de prevención propios o ajenos a la empresa, que colaborarán cuando sea necesario* (Art. 31 Ley 31/1995). Esto ocurrirá si:

- La designación de uno o varios trabajadores es insuficiente para realizar las actividades de prevención y no concurren las circunstancias que obligan a constituir un Servicio de Prevención Propio.
- Se ha producido una asunción parcial de la actividad preventiva por el empresario.
- Se ha constituido el Servicio de Prevención Propio según mínimos. Lo que éste no cubre debe subcontratarse con un Servicio de Prevención Ajeno.
- Lo obliga la Autoridad Laboral y no se ha optado por la constitución de un Servicio de Prevención Propio.

Sus funciones son las mismas especificadas para los propios.

Deben cubrir las 4 especialidades.

Deberán ser acreditados por la Administración Laboral, comprobando que reúnen los requisitos reglamentarios y previa aprobación de la Administración Sanitaria en cuanto a los aspectos sanitarios.

Deben disponer de la organización, instalaciones, equipo y personal necesario para el desempeño de su actividad.

No deben mantener con las empresas concertadas vinculaciones comerciales, financieras u otras distintas de su actuación como Servicio de Prevención.

Deben constituir un seguro que cubra la responsabilidad de sus acciones.

Debe establecerse un concierto de la prestación por escrito.

Entre las entidades externas se contemplan las Mutuas de Accidentes de Trabajo y Enfermedades Profesionales de la SS (Art. 22 Reglamento Servicios Prevención).

1.3.5 Servicios de Prevención Mancomunados

Son considerados servicios propios de las empresas que los constituyan y han de contar con los medios exigidos para aquellos, cuyos restantes requisitos les serán de aplicación.

Pueden constituirse Servicios Mancomunados en:

- Empresas que desarrollen simultáneamente actividades en un mismo centro de trabajo, edificio o centro comercial.
- Empresas de un mismo sector productivo o grupo empresarial.
- Empresas que desarrollen sus actividades en un polígono industrial o área geográfica limitada.

La actividad se limitará a las empresas participantes, no pueden actuar como Servicios de Prevención Ajenos.

Reducen los costes de personal y recursos necesarios de una empresa individual.

1.3.6 Auditoría de los Servicios de Prevención

Hay que pasar auditoria allá donde no se concierte toda la actividad preventiva con un Servicio de Prevención Ajeno:

- Donde se haya optado por la asunción directa del empresario,
- Optado por trabajadores designados,
- Donde haya obligación de constituir un Servicio de Prevención Propio o se haya optado por Servicio de Prevención Propio o Mancomunado.

La auditoria debe realizarla una entidad autorizada por las CCAA que no mantenga otras vinculaciones ni contratos de otro tipo con la empresa.

La auditoria se realiza, al menos, cada 5 años. Tras la aprobación del Reglamento de los Servicios de Prevención en 1997, correspondería en 2002 ó 2003.

El Servicio de Prevención Ajeno no puede realizar auditoria porque no pueden contratarse ambas actividades.

1.3.7 Presencia de los Recursos Preventivos

La presencia en el centro de trabajo de los recursos preventivos, cualquiera que sea la modalidad de organización de dichos recursos, será necesaria en los siguientes casos:

- Cuando los riesgos puedan verse agravados o modificados en el desarrollo del proceso o la actividad, por la concurrencia de operaciones diversas que se desarrollan sucesiva o simultáneamente y que hagan preciso el control de la correcta aplicación de los métodos de trabajo.
- Cuando se realicen actividades o procesos que reglamentariamente sean considerados como peligrosos o con riesgos especiales.
- Cuando la necesidad de dicha presencia sea requerida por la Inspección de Trabajo y Seguridad Social, si las circunstancias del caso así lo exigieran debido a las condiciones de trabajo detectadas.

Se consideran recursos preventivos, a los que el empresario podrá asignar la presencia, los siguientes:

- Uno o varios trabajadores designados de la empresa.
- Uno o varios miembros del servicio de prevención propio.
- Uno o varios miembros del o los servicios de prevención ajenos concertados por la empresa. Cuando la presencia sea realizada por diferentes recursos preventivos éstos deberán colaborar entre sí.

Los recursos preventivos deberán tener la capacidad suficiente, disponer de los medios necesarios y ser suficientes en número para vigilar el cumplimiento de las actividades preventivas, debiendo permanecer en el centro de trabajo durante el tiempo en que se mantenga la situación que determine su presencia.

2. Organismos públicos relacionados con la prevención

2.1 Funciones y organismos que las asumen

En la tabla 2 se detallan las distintas funciones de la Administración y los Organismos públicos que las asumen.

FUNCIONES	ORGANISMOS PÚBLICOS
Reglamentación: Leyes, Órdenes, Reales Decretos,...	- Consejo de Ministros - Ministerio Trabajo y Asuntos Sociales
Promoción y asesoramiento en materia preventiva	- INSHT - Organismos Técnicos CCAA
Vigilancia y control de las obligaciones empresariales	Inspección de Trabajo y Seguridad Social
Imposición de sanciones administrativas	Autoridad Laboral competente
- Acreditación Serv. Prev. ajenos - Autorización auditoras PRL - Reconocimiento de la formación	Autoridad Laboral CCAA
Reparación de daños ocasionados por Accidentes de Trabajo y Enferm.Prof.	- Seguridad Social - Mutuas de AT y EP
Formulación de políticas preventivas	Comisión Nacional de Seguridad y Salud en el Trabajo
Seguridad Industrial	Ministerio de Industria y Energía
Estudios sanitarios (epidemiológicos, estadísticas)	- Ministerio de Sanidad - Autoridades Sanitarias CCAA

Tabla 2: Funciones y Organismos públicos que las asumen

2.2 Instituto Nacional de Seguridad e Higiene en el Trabajo

El Instituto Nacional de Seguridad e Higiene en el Trabajo (INSHT) es el órgano científico técnico especializado de la Administración General del Estado que tiene como misión:

- El análisis y estudio de las condiciones de seguridad y salud en el trabajo.
- La promoción y apoyo a la mejora de la misma.

Asesora en la elaboración de normativa legal y en la normalización nacional e internacional.

Promociona y realiza actividades de formación, información, investigación, estudio y divulgación.

2.3 Inspección de Trabajo y Seguridad Social

A la Inspección de Trabajo y Seguridad Social le corresponde la vigilancia y control de la normativa sobre prevención de riesgos laborales. Funciones:

- Vigilancia del cumplimiento de normativa y legislación.
- Propuestas de sanción.
- Asesorar e informar a empresas y trabajadores.
- Informes sobre accidentes y enfermedades profesionales al Juzgado de lo Social.
- Informar sobre accidentes y enfermedades profesionales mortales, graves y muy graves a la Autoridad Laboral.
- Comprobar y favorecer el cumplimiento de las obligaciones de los Servicios de Prevención.
- Paralización inmediata de trabajos con riesgo grave e inminente.
- Colaboración pericial.

2.4 Comisión Nacional de Seguridad y Salud en el Trabajo

La Comisión Nacional de Seguridad y Salud en el Trabajo, CNSST, es el órgano colegiado asesor de las Administraciones Públicas en la formulación de las políticas referentes a:

- Criterios y programas generales de actuación.
- Proyectos de disposiciones de carácter general.
- Coordinación de las actuaciones de las Administraciones Públicas competentes en materia laboral.
- Coordinación entre las administraciones públicas competentes en materias laboral, sanitaria y de industria.

Participan representantes de Comunidades Autónomas, Administración General del Estado, Organizaciones Sindicales y Organizaciones Empresariales.

2.5 Mutuas de Accidentes de Trabajo y Enfermedades Profesionales de la SS

Las Mutuas de Accidentes de Trabajo y Enfermedades Profesionales de la Seguridad Social son entidades colaboradoras de la Seguridad Social sin ánimo de lucro.

Cubren las prestaciones relativas a las cuotas aportadas por las empresas para cobertura de riesgos profesionales:

- Asistencia sanitaria del accidentado o enfermo por causa laboral.
- Rehabilitación y readaptación profesional de los accidentados.
- Prestaciones económicas por incapacidad temporal, lesiones permanentes, invalidez y muerte.

Pueden actuar como Servicios de Prevención ajenos.

2.6 Órganos Técnicos de las Comunidades Autónomas

La Ley de Prevención de Riesgos Laborales encarga a las autoridades laborales de las Comunidades Autónomas en su ámbito territorial funciones de promoción de la prevención, asesoramiento técnico, vigilancia y control y, en su caso, sanción.

Deben colaborar con la Inspección de Trabajo y Seguridad Social.

Además les compete la acreditación de entidades de Prevención y la coordinación con autoridades sanitarias.

Actúan a través de órganos técnicos especializados, en la Comunidad de Madrid, el Instituto Regional de Seguridad y Salud en el Trabajo, IRSST.

2.6.1 Instituto Regional de Seguridad y Salud en el Trabajo (Madrid)

Creado en Mayo de 1997, como organismo autónomo de carácter administrativo responsable de la gestión de la política de prevención de riesgos laborales en la Comunidad de Madrid.

Consejo de Administración tripartito: Empresarios, Sindicatos y Administraciones Públicas, decide actuaciones y sus normas de desarrollo.

Funciones principales:

- Análisis e investigación de las causas de los accidentes y de las enfermedades profesionales.
- Estadísticas de Siniestralidad.
- Acciones formativas, de sensibilización, divulgación,...
- Colaboración pericial y asesoramiento a la Inspección de Trabajo.

- Asesoramiento y apoyo técnico a instancias administrativas y sociales. Planificación de acciones específicas para PYMES.
- Acreditación de Servicios de Prevención ajenos, Auditoras y Formadoras.

2.7 Organizaciones sindicales y empresariales

Las organizaciones sindicales y empresariales realizan actividades como:

- Elaborar estudios, informes, folletos, etc. para divulgar y sensibilizar a sus afiliados y colectivo laboral.
- Imponen criterios de negociación colectiva y asisten técnicamente a los negociadores.
- Publican material formativo e imparten cursos, especialmente las centrales sindicales orientados a los delegados de prevención.

2.8 Organización Internacional del Trabajo

La Organización Internacional del Trabajo (OIT) es un organismo de la ONU de carácter laboral con funciones de:

- Asistencia técnica.
- Recopilación y difusión de información.
- Elaboración y aprobación de:
    - Convenios, que conllevan obligaciones de carácter nacional, una vez ratificados.
    - Recomendaciones, que establecen pautas para el posterior desarrollo de la legislación laboral.

2.9 Agencia Europea para la Seguridad y la Salud en el Trabajo

Agencia Europea para la Seguridad y la Salud en el Trabajo, su objetivo es proporcionar a los organismos comunitarios, a los estados miembros y a los medios interesados toda la información técnica, científica y económica útil en el ámbito de la seguridad y de la salud en el trabajo.

Para conseguir este objetivo se ha creado una red de información europea, en base a un sistema de Centros de Referencia Nacionales y redes de información nacional. El Centro de Referencia español es el Instituto Nacional de Seguridad e Higiene en el Trabajo, INSHT.

Creada por la Comunidad Europea, con sede en Bilbao.

TEMA 4 – TÉCNICAS ANALÍTICAS

1. Evaluación de riesgos laborales

La evaluación de riesgos laborales es el proceso dirigido a estimar la magnitud de aquellos riesgos que no hayan podido evitarse, obteniendo la información necesaria para ... adoptar medidas preventivas y ... sobre el tipo de medidas que deben adoptarse. (Reglamento Servicios Prevención).

La evaluación deben realizarla técnicos de la organización preventiva de la empresa con formación básica, para las muy elementales o de nivel intermedio, en general. Será de nivel superior cuando exijan:

- el establecimiento de una estrategia de medición para asegurar que los resultados obtenidos caracterizan efectivamente la situación que se valora, o
- una interpretación o aplicación no mecánica de los criterios de evaluación.

La evaluación de riesgos en el proceso preventivo puede verse en la figura 1.

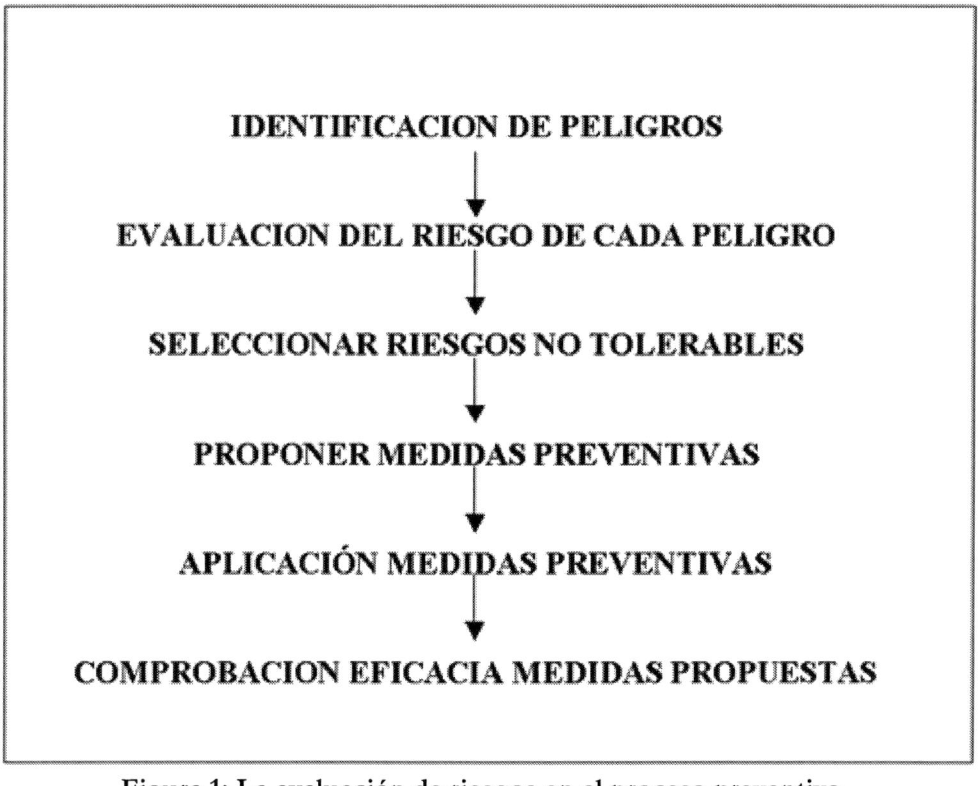

Figura 1: La evaluación de riesgos en el proceso preventivo

1.1 Tipos de evaluaciones de riesgos

1) Evaluación de riesgos impuesta por Legislación específica.

Ejemplo: RD 286/2006 sobre Ruido, que indica la medida del ruido, los instrumentos y condiciones de aplicación, periodicidad de las evaluaciones y métodos de control a utilizar.

2) Evaluación de riesgos para los que no existe Legislación específica, pero existen Normas internacionales, europeas, nacionales o Guías de Organismos Oficiales o Entidades de reconocido prestigio.

Ejemplos:

- Guía técnica para la evaluación y prevención de los riesgos relativos a la Manipulación manual de cargas, INSHT.
- Norma UNE-EN 1050:1997 Seguridad de las máquinas. Principios para la evaluación del riesgo.

3) Evaluaciones de riesgos que precisan métodos especiales.

- Actividades como la industria química pueden originar graves accidentes debido a explosiones, incendios, escapes, etc., como el accidente de Seveso, lo que ha motivado el desarrollo de métodos específicos de análisis, que son recogidos como exigencia en determinadas legislaciones (CORAG, para riesgo de accidentes graves).

- Algunos métodos se basan en análisis probabilísticos de riesgos, y se utilizan también para el análisis de los sistemas de seguridad en máquinas y distintos procesos industriales. Típicos métodos específicos son el método HAZOP (Inductivo, basado en desviación de parámetros de variables), EL ÁRBOL DE FALLOS Y ERRORES, el de RENAULT en automoción, FREMAP, etc.

4) Evaluación general de riesgos. Métodos:

- William T. Fine.
- Simplificado de Análisis de Riesgos.
- INSHT: función de Probabilidad y Severidad.
- Otros métodos generales de Análisis de Riesgos.

1.1.1 Método de William T. Fine

El método de William T. Fine estima GP=C*E*P (véase tabla 1), donde:

C: Consecuencias, resultado probable de un accidente potencial.
E: Exposición, frecuencia con que ocurre la situación de riesgo.

P: Probabilidad, de que se complete la secuencia del accidente.
GP: Grado de Peligrosidad, en función del cual se establecen actuaciones.

1.1.2 Método Simplificado de Análisis de Riesgos

El método Simplificado de Análisis de Riesgos estima NR=NC*(NP=ND*NE) (véase tabla 2), donde:

ND: Nivel de Deficiencia, vinculación entre factores de riesgo y causas directas de accidente.
NE: Nivel de Exposición, frecuencia de exposición al riesgo.
NP=ND*NE Nivel de Probabilidad.
NC: Nivel de Consecuencias, daños físicos y materiales.
NR: Nivel de Riesgo, que establece el Nivel de Intervención.

1.1.3 Método Simplificado del INSHT

El Método Simplificado del INSHT evalúa en función de probabilidad y severidad.

Probabilidad:

- BAJA, el daño ocurrirá raras veces.
- MEDIA, el daño ocurrirá en algunas ocasiones.
- ALTA, el daño ocurrirá siempre o casi siempre.

Fuentes de datos: Siniestralidad de la empresa en los últimos años, Estadística oficial por sectores del Ministerio de Trabajo y Asuntos Sociales (MTAS),...

Severidad:

- LIGERAMENTE DAÑINO: daños superficiales, cortes, magulladuras pequeñas, irritaciones, molestias,...
- DAÑINO: laceraciones, quemaduras, conmociones, torceduras importantes, fracturas menores, sordera reversible, dermatitis, asma,...
- EXTREMADAMENTE DAÑINO: amputaciones, fracturas mayores, intoxicaciones, lesiones fatales, cáncer y otras enfermedades crónicas que acorten la vida.

El riesgo se evalúa, partiendo de la probabilidad y severidad estimadas, mediante la tabla 3.

Según el riesgo estimado, se toman acciones y se prioriza su implantación, considerando tanto la inversión como el tiempo precisos (véase tabla 4).

Factor	Clasificación	Valor
Consecuencias (C): resultado más probable de un accidente potencial	Catástrofe: numerosas víctimas, daños superiores a 1.000.000$, gran quebranto de actividad	100
	Varias muertes; daños de 500.000 a 1.000.000 $	50
	Muerte; daños de 100.000 a 500.000$	25
	Lesiones extremadamente graves (amputación, incapacidad permanente), daños de 1.000 a 100.000$	15
	Lesiones con baja, daños hasta 1.000$	5
	Heridas leves, contusiones, golpes, pequeños daños	1
Exposición (E): frecuencia con que ocurre la situación de riesgo	Continuamente o muchas veces al día	10
	Frecuentemente, más o menos una vez al día	6
	Ocasionalmente, de una vez a la semana a una vez al mes	3
	Irregularmente, de una vez al mes a una vez al año	2
	Raramente (se sabe que ocurre)	1
	Remotamente posible, no se sabe que haya ocurrido	0,5
Probabilidad (P): posibilidad de que se complete la secuencia del accidente	Es el resultado más probable y esperado si la situación de riesgo tiene lugar	10
	Es completamente posible; nada extraño; tiene una probabilidad alrededor del 50%	6
	Sería una secuencia o circunstancia rara	3
	Sería una coincidencia remotamente posible; se sabe que ha ocurrido	1
	Nunca ha sucedido en muchos años de exposición, pero es concebible	0,5
	Secuencia prácticamente imposible, nunca ha sucedido	0,1

	GP	Criterio de actuación
Grado de peligrosidad: GP = C x E x P	≥200	Se requiere corrección inmediata. La actividad debe ser detenida hasta que los riesgos hayan disminuido.
	<200 ≥85	Actuación urgente. Requiere atención lo antes posible.
	<85	El riesgo debe ser eliminado sin demora, pero la actuación no es una emergencia.

Tabla 1: Método William T. Fine

Factor	Clasificación	Valor
Nivel de Deficiencia (ND): magnitud de la vinculación esperable entre los riesgos y la causa directa del posible accidente	MUY DEFICIENTE, se han detectado factores de riesgos significativos que determinan como muy posible la generación de fallos. El conjunto de medidas preventivas existentes resulta ineficaz frente al riesgo.	10
	DEFICIENTE, se han detectado factores de riesgo significativos que precisan ser corregidos. La eficacia del conjunto de medidas preventivas existentes se ve reducida de forma apreciable.	6
	MEJORABLE, se han detectado factores de riesgo de menor importancia. La eficacia del conjunto de medidas preventivas existentes se ve reducida ligeramente.	2
	ACEPTABLE, no se han detectado anomalías destacables. El riesgo está controlado.	0
Nivel de Exposición (NE): frecuencia con que se da la exposición al riesgo	CONTINUADA, continuamente o varias veces en la jornada laboral con un tiempo prolongado.	4
	FRECUENTE, varias veces en la jornada laboral, aunque sea en tiempos cortos.	3
	OCASIONAL, alguna vez en la jornada laboral y en tiempos cortos.	2
	ESPORÁDICA, irregularmente.	1

	NP	Probabilidad, significado
Nivel de Probabilidad (NP) NP = ND x NE	40-24	MUY ALTA, situación deficiente con exposición continuada o muy deficiente con exposiciones frecuentes. La materialización del riesgo ocurre con frecuencia.
	20-10	ALTA, situación deficiente con exposición frecuente u ocasional, o situación muy deficiente con exposición ocasional o esporádica. La materialización del riesgo es posible que suceda varias veces en el ciclo de la vida laboral.
	8-6	MEDIA, situación deficiente con exposición esporádica, o situación mejorable con exposición continua o frecuente. Es posible que el daño suceda alguna vez.
	4-2	BAJA, situación mejorable con exposición ocasional o esporádica. No es esperable que se materialice el riesgo, aunque es concebible.

Tabla 2: Método Simplificado de Análisis de Riesgos (1ª parte)

Factor	Daños personales	Daños materiales	Valor
Nivel de Consecuencia (NC): daños personales y materiales esperables	MORTAL: 1 muerto o más	Destrucción total del sistema. Difícil renovarlo	100
	MUY GRAVE, lesiones graves que pueden ser irreparables	Destrucción parcial del sistema, reparación compleja y costosa	60
	GRAVE, lesiones con incapacidad temporal	La reparación requiere la parada del proceso	25
	LEVE, pequeñas lesiones	La reparación se efectúa en funcionamiento	10

	NR	Intervención
Nivel de Intervención (NR): NR = NP x NC	4000 – 600	Situación crítica. Corrección urgente.
	500 – 150	Corregir con rapidez. Adoptar medidas de control.
	120 – 40	Mejorar si es posible. Sería conveniente justificar la intervención y su rentabilidad.
	20	No intervenir, salvo que lo justifique un análisis preciso.

Tabla 2: Método Simplificado de Análisis de Riesgos (2ª parte)

		CONSECUENCIAS		
		LIGERAMENTE DAÑINO	DAÑINO	EXTREMADAMETE DAÑINO
PROBABILIDAD	BAJA	RIESGO TRIVIAL	RIESGO TOLERABLE	RIESGO MODERADO
	MEDIA	RIESGO TOLERABLE	RIESGO MODERADO	RIESGO IMPÒRTANTE
	ALTA	RIESGO MODERADO	RIESGO IMPORTANTE	RIESGO INTOLERABLE

Tabla 3: Método INSHT - Evaluación del riesgo

RIESGO	ACCIÓN Y PRIORIDAD
TRIVIAL	No se requiere acción, no se necesita guardar documentación.
TOLERABLE	No se necesita mejorar la acción preventiva, sin embargo, se deben considerar soluciones más rentables o mejores que no supongan una carga económica. Se requieren comprobaciones para asegurar que se mantienen las medidas de control.
MODERADO	Se deben hacer esfuerzos para reducir el riesgo, pero deben determinarse y limitarse cuidadosamente las inversiones precisas. Las medidas para reducir el riesgo deben implantarse en un tiempo determinado. Cuando el riesgo moderado esté asociado a consecuencias extremadamente dañinas, se precisará establecer posteriormente con más precisión la probabilidad del daño como base para determinar la necesidad de mejorar las medidas de control.
IMPORTANTE	No debe comenzarse el trabajo hasta que se reduzca el riesgo. Puede que se necesiten recursos considerables para reducir el riesgo cuando éste implique trabajo en proceso. Debe remediarse el problema en un tiempo inferior que para los riesgos moderados.
INTOLERABLE	No se debe de comenzar ni de continuar el trabajo hasta que se reduzca el riesgo. Si no es posible, debe prohibirse el trabajo.

Tabla 4: Método INSHT – Acciones y prioridades

2. Inspección de Seguridad

La Inspección de seguridad es una técnica para:

- Identificar riesgos en el mundo laboral y los factores que los producen o pueden producirlos.
- Evaluar los posibles riesgos.
- Plantear medidas correctoras en el control de los mismos.

Se intenta detectar fallos y deficiencias en instalaciones o equipos, en el medio ambiente de trabajo, en la propia organización del trabajo o en el comportamiento humano.

2.1 Clasificaciones de las inspecciones

POR SU ORIGEN:

- Iniciativa propia.
- Entidad ajena: aseguradoras, mutuas, organismos oficiales, instaladoras de equipos y servicios,...

POR SU OBJETO:
- Unidad funcional.
- Sistemas generales.

POR EL SUJETO QUE LA REALIZA:
- Autoinspección (mando intermedio).
- Servicio de prevención.

POR SU METODOLOGÍA:
- Formal (periódica y metódica).
- Informal, por alguna causa espontánea.

POR SU ÁMBITO TEMPORAL:
- Continua.
- Intermitente.
- Periódica.
- Especial.

POR SU PROFUNDIDAD:
- Generales.
- Específicas, en puntos críticos.

POR SU FINALIDAD:
- Ordinaria periódica: revisión de instalaciones, incorporación de nuevas tecnologías o maquinaria, etc.
- Extraordinaria: situaciones peligrosas, accidente grave,...

2.2 Metodología de las inspecciones

En la figura 2 se resume la metodología de las inspecciones de seguridad, que constan de las siguientes fases:

1) **Planificación** de la inspección: personas que la realizarán, momento, información técnica previa del proceso y sus posibles riesgos, lista de comprobaciones,...

2) **Ejecución**: análisis directo de lugares y puestos, observando las instalaciones en funcionamiento normal junto al responsable del área. Se sigue el proceso productivo observando aspectos materiales, humanos y medidas preventivas.

3) **Informe y explotación**, con resultados y propuesta de las medidas correctoras que procedan.

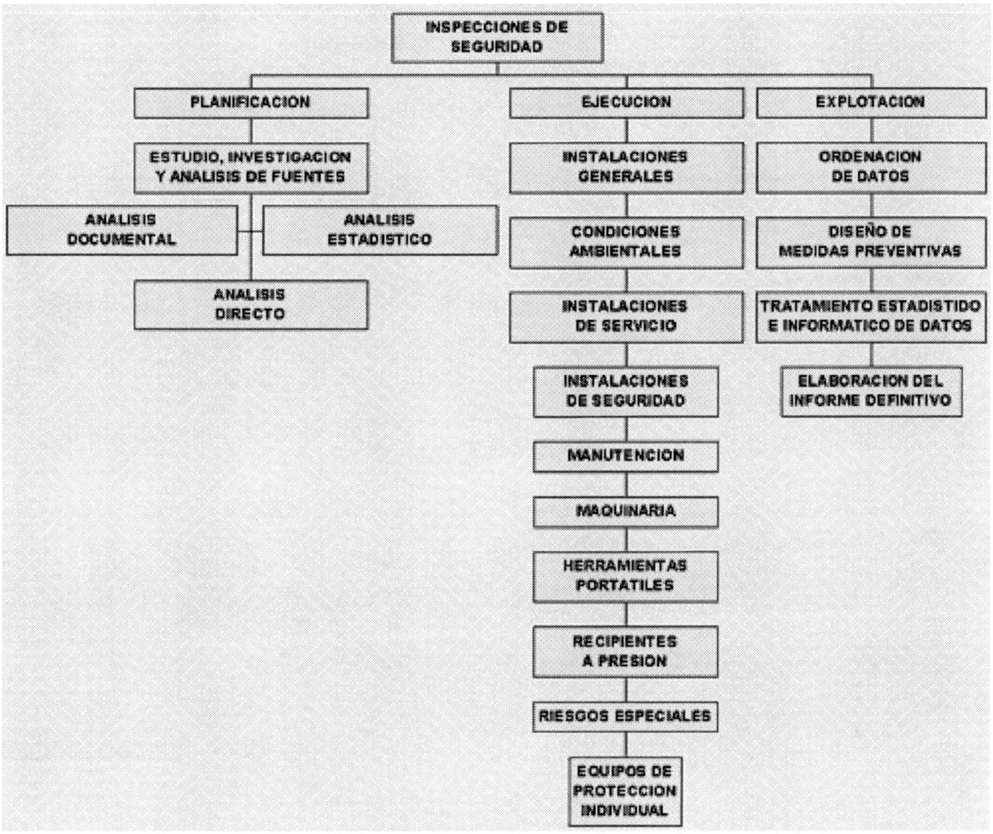

Figura 2: Metodología de las inspecciones de seguridad

2.2.1 Planificación de las inspecciones

Para la planificación pueden elaborarse listas de comprobaciones, tales como las de los ejemplos mostrados en las tablas 5 y 6.

RELATIVOS AL AGENTE MATERIAL

1.	El suelo es regular y uniforme y se encuentra en buen estado	SÍ	NO
2.	Los desniveles se corrigen con rampas en pendiente inferiores a:		
	- 12% cuando la distancia salvada es inferior a 3 metros.	SÍ	NO
	- 10% cuando la distancia salvada esta entre 3 y 10 metros.	SÍ	NO
	- 8% cuando la distancia salvada es mayor de 10 metros.	SÍ	NO
3.	Las aberturas en suelos, paredes y pasos elevados están protegidas	SÍ	NO
4.	La anchura de pasillos peatonales es superior a 1 metro	SÍ	NO
5.	Los pasillos por los que circulan vehículos permiten el paso de personas sin interferencias entre ellos	SÍ	NO

RELATIVOS AL ENTORNO AMBIENTAL

6.	El suelo se mantiene limpio y exento de sustancias resbaladizas	SÍ	NO
7.	Las zonas de paso están libres de obstáculos	SÍ	NO
8.	El nivel de iluminación es suficiente (mínimo 20 lux.)	SÍ	NO
9.	Las zonas de paso junto a zonas peligrosas están protegidas	SÍ	NO

RELATIVOS AL CARÁCTER PERSONAL

10.	Se observan hábitos de trabajo correctos (eliminar y limpiar los posibles residuos y derrames de sustancias, no fumar con riesgo de incendio, etc.)	SÍ	NO
11.	Ocupan los trabajadores un puesto de trabajo adecuado a sus aptitudes personales (capacidad auditiva, vista, limitaciones de locomoción, etc.)	SÍ	NO

RELATIVOS A LA ORGANIZACIÓN

12.	Existe implantado un Sistema de Gestión de la Prevención de Riesgos Laborales.	SÍ	NO
13.	Se imparte formación e información a los trabajadores	SÍ	NO

<u>Tabla 5: Listado de comprobaciones. Ejemplo 1</u>

Denominación del riesgo		Riesgos detectados		Trabajadores expuestos		Tareas con riesgo	
Forma	Agente material	Nº	%	Nº	%	Nº	%
CORTES POR OBJETOS	HERRAMIENTA MANUAL	1.998	4,43%		30,30		38,31
O HERRAMIENTAS	PRODUCTOS MADERA	1.676	3,72%		20,82		32,83
	MOLDURERA O TUPI	654	1,45%		7,23		12,51
	SIERRA CIRCULAR	600	1,33%		10,30		11,47
	TRANSP.ROD.GRAVEDAD	580	1,29%		9,30		11,80
	CEPILLADORA	542	1,20%		13,64		10,37
	PISTOLA A PRESIÓN	436	0,97%		21,30		8,34
	TALADRO	429	0,95%		10,84		8,20
	HERRAM.DE PERCUSIÓN	363	0,80%		18,94		6,94
	HERRAM.DE CORTE	344	0,76%		17,20		6,58
	OTROS AGENTES	3.062	6,79%		47,65		58,56
TOTAL CORTES POR OBJETOS O HERRAMIENTAS		10.684	23,69%				
CHOQUES CONTRA	PRODUCTOS MADERA	4.250	9,42%		30,54		81,28
OBJETOS INMÓVILES	OTRAS MÁQUINAS	1.981	4,39%		23,50		37,80
	TRANSP.DE RODILLOS	561	1,24%		8,59		10,73
	OTROS AGENTES	482	1,07%		4,40		9,22
TOTAL CHOQUES CONTRA OBJETOS INMÓVILES		7.274	16,13%				
CAÍDA DE PERSONAS	PRODUCTOS MADERA	2.566	5,69%		37,10		49,07
AL MISMO NIVEL	SUP.TRANSITO,PASILLOS	2.499	5,54%		38,67		47,59
	OTROS AGENTES	167	0,37%		3,57		3,19
TOTAL CAIDA DE PERSONAS AL MISMO NIVEL		5.232	11,60%				
CAÍDA DE OBJETOS EN	PRODUCTOS MADERA	4.182	9,27%		67,63		79,98
MANIPULACIÓN	OTROS AGENTES	200	0,44%		1,30		3,82
TOTAL CAIDA DE OBJETOS EN MANIPULACIÓN		4.382	9,72%				
ATRAPAMIENTOS	BARRENADORA	562	1,25%		5,53		10,75
	LIJADORA DE BANDA	530	1,18%		8,12		10,14
	SIERRA DE CINTA	368	0,82%		6,65		7,04
	MOLDURERA O TUPI	302	0,67%		3,80		5,78
	CHAPEADORA	254	0,56%		3,73		4,86
	SIERRA CIRCULAR	173	0,38%		3,21		3,31
	CANTEADORA	172	0,38%		2,19		3,29
	OTROS AGENTES	1.378	3,06%		33,96		26,32
TOTAL ATRAPAMIENTOS		3.739	8,29%				

Tabla 6: Listado de comprobaciones. Ejemplo 2

2.2.2 Ejecución de las inspecciones

1) Inspeccionar todas las instalaciones, equipos y procesos en su funcionamiento normal y en todas sus posibles variaciones, incluidas las situaciones anómalas que en determinadas circunstancias pueden producirse, siempre que su probabilidad no sea muy remota.

2) La inspección debe ser exhaustiva, no desechando lugares recónditos, de difícil acceso o instalaciones repetitivas o similares a las ya inspeccionadas.

3) Conviene visitar las distintas áreas acompañado de sus responsables, o al menos, de una persona relacionada con el trabajo en las mismas.

4) La inspección se realizará, si es factible, siguiendo los propios pasos de los procesos desde su inicio hasta su fin.

5) Se tomarán en cuenta los aspectos materiales y técnicos de las instalaciones, equipos, etc., así como los relativos al comportamiento humano, organización, metodología de trabajo, aptitud física y actitud de los trabajadores, etc.

6) Sugerir medidas preventivas para los defectos de seguridad o fallos en la prevención de riesgos más graves y acuciantes observados, sin perjuicio del posterior informe más preciso y detallado.

3. Estadísticas de siniestralidad

3.1 Objeto

El análisis estadístico permite:

1) Obtener conclusiones sobre la evolución de la siniestralidad y servir de base para adoptar medidas preventivas.
2) Comprobar la eficacia de las medidas implantadas.
3) Comparar con valores de referencia para observar la posición relativa de la Seguridad en cada área o en el conjunto de la empresa.

Los valores de referencia pueden obtenerse estadísticamente de entre grupos de empresas y entidades representativas de cada sector de actividad o de la estadística de siniestralidad que elabora el Ministerio de Trabajo y Asuntos Sociales.

3.2 Índices de siniestralidad

Referencias de los índices de siniestralidad:

- Temporal: generalmente un año.
    - Múltiplos: trienios, quinquenios, decenios,...
    - Submúltiplos: trimestre, mes, semana, día, turno,...

- Espacial, generalmente empresa o centro de trabajo.
    - Mayor ámbito: grupo, sector, provincia, comunidad, estado,...
    - Menor ámbito: sección, turno, puesto, sexo,...

Los índices estadísticos más utilizados son los definidos en las recomendaciones de la OIT. Los principales índices son:

- Índice de Frecuencia.
- Índice de Gravedad.
- Índice de Incidencia.
- Índice de Duración media.

3.2.1 Índice de Frecuencia

El Índice de Frecuencia (I_F) representa el número de accidentes ocurridos por cada millón de horas hombre trabajadas. Cálculo:

$$I_F = \frac{\sum accidentes}{\sum horas.ho.trabajadas} \times 1.000.000$$

- Sólo se contabilizan accidentes ocurridos cuando hay exposición al riesgo laboral, excluyendo los *in itinere*.
- Las horas de trabajo son las de exposición al riesgo, se excluyen vacaciones, enfermedades, etc.

Generalmente se calcula I_F de accidentes con baja e I_F total, de accidentes con baja y sin baja.

Las mejores empresas consiguen $I_F \leq 0{,}3$.

3.2.2 Índice de Gravedad

El Índice de Gravedad (I_G) representa el número de jornadas perdidas por cada mil horas hombre trabajadas. Cálculo:

$$I_G = \frac{\sum días.trabajo.perdidos}{\sum horas.ho.trabajadas} \times 1.000$$

- Se consideran días naturales perdidos, calculados como diferencia entre fecha de alta y fecha de baja.
- Para los accidentes sin baja se estima la pérdida de 2 horas (¼ de jornada). Existe la posibilidad de valorar en jornadas perdidas las lesiones que causan incapacidades o muerte, pero no se ha regulado.

Este índice da idea de la gravedad médica de las lesiones.

3.2.3 Índice de Incidencia

El Índice de Incidencia (I_I) representa el número de accidentes ocurridos por cada mil personas expuestas al riesgo, en promedio. Cálculo:

$$I_I = \frac{\sum accidentes}{(personas.en.riesgo)} \times 1.000$$

- Se consideran periodos anuales.
- Se utiliza cuando no se conoce el número de horas hombre trabajadas y el número de personas expuestas al riesgo varía de un día a otro (de ahí el promedio en el denominador).

Se calcula I_I de accidentes con baja y, adicionalmente, I_I de accidentes mortales.

3.2.4 Índice de Duración Media

El Índice de Duración Media (I_{DM}) es la relación entre jornadas perdidas y número de accidentes. Cálculo:

$$I_{DM} = \frac{\sum días.trabajo.perdidos}{\sum accidentes}$$

- Las jornadas perdidas se calculan del mismo modo que para el Índice de Gravedad I_G (véase apartado 3.2.2).
- Se calcula I_{DM} para accidentes con baja, aunque también puede aplicarse al total de accidentes.

El Índice de Duración Media da idea del tiempo promedio de baja de cada accidente.

4. Investigación de accidentes

4.1 Objeto y finalidad

La investigación de accidentes es una técnica reactiva de prevención, que estudia y analiza un accidente que ha ocurrido, para determinar las causas que lo han ocasionado.

"*cuando se haya producido un daño para la salud de los trabajadores, el empresario llevará a cabo una investigación al respecto, al fin de detectar las causas de los hechos.*"

Ley de Prevención de Riesgos Laborales, articulo 16, párrafo 3

La finalidad inmediata de la investigación de accidentes es obtener la información mas completa y precisa de cómo se desarrollaron los hechos y determinar las causas del accidente; su objetivo final es:

- Evitar que sucedan en el futuro accidentes iguales o similares.
- Descubrir los peligros existentes, que pueden materializarse en otros tipos de accidentes.
- Implantar medidas correctoras.

Los accidentes de trabajo no tienen una sola causa, sino que son una secuencia de una serie finita de fenómenos causales, que se pueden agrupar en:

- Fuentes de accidentes ajenas al hombre que trabaja, y
- Conductas humanas.

Estas series de fenómenos, cuando coinciden en momento de TIEMPO, en un LUGAR físico y se presentan conforme a un ORDEN determinados, originan el accidente de trabajo, tal como se recoge esquemáticamente en la figura 3.

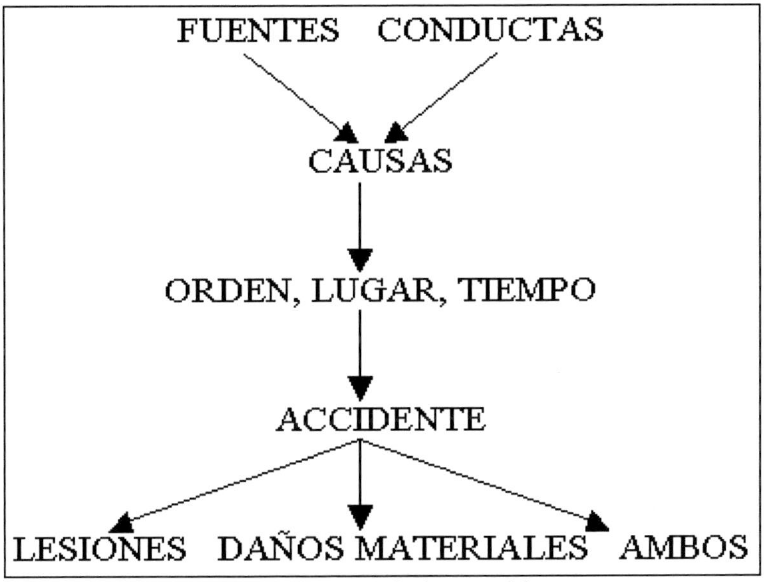

<u>Figura 3: Causas de los accidentes</u>

La investigación de un accidente trata de contestar a las siguientes preguntas:

- ¿qué ha ocurrido?
- ¿cómo se ha producido?
- ¿por qué se ha producido?

La obtención de las respuestas permite conocer las secuencias de los hechos, las causas que lo motivaron y establecer medidas preventivas que evitarán su repetición.

Dado el origen multicausal del accidente, si se elimina una causa, se rompe la cadena causal y se evita el accidente. Sin embargo, la investigación debe profundizar al máximo y descomponer las causas inmediatas en otras hasta llegar a las causas básicas, lo que hará la prevención más eficaz, ya que si una misma causa se presenta en varios accidentes, su eliminación los evitará todos.

Cuanto más grave es un accidente, menos frecuente es su ocurrencia y menos información provee.

Paradoja de Resnikoff

4.2 Metodología de actuación

La metodología de actuación es un conjunto de procedimiento y criterios para aplicar a la investigación de accidentes, que de forma genérica consta de las siguientes fases:

- Recopilación de datos.
- Integración de los datos recogidos.
- Determinación de las causas.
- Selección de las causas principales.
- Conclusiones y propuestas.

4.2.1 Recopilación de datos

La recopilación consiste en recoger la información necesaria que permita una posterior deducción de lo ocurrido, recomendándose para ello:

- Efectuarla "in situ" y lo antes posible, ya que en caso de demora, las modificaciones de las condiciones de trabajo pueden eliminar situaciones que después son difíciles de comprobar.

- Reconocer en profundidad el lugar y el puesto de trabajo. Quien efectúe la investigación, además de estar entrenado en ello, deberá tener conocimientos precisos de la actividad o proceso, y en caso contrario, deberá hacerse acompañar por el responsable del departamento donde ocurrió el accidente.

- Recabar información propia, obtenida por el técnico que investiga el accidente. Es primordial determinar las variaciones que se han producido con respecto a una situación de referencia, o situación habitual, en la cual no se produce el accidente.

- A criterio del técnico, se efectuarán mediciones, se tomarán muestras de restos, productos, materias primas, que en su caso se analizarán, y que constituirán parte del informe final.

- Si es posible, obtener pruebas documentales de la situación real, como vídeo, fotos, etc.

- Entrevistar a los testigos individual y personalmente y al accidentado, si fuese posible. La información que proporcionan ayuda a conocer cómo sucedieron los hechos en el momento de ocurrir el accidente. Conviene:
    - no tomar notas delante del entrevistado, para que esté tranquilo, no tema repercusiones y se aproxime más a la realidad de los hechos.
    - preguntar sin forzar la respuesta, ni implicar el incumplimiento de normativa ni inducir a la justificación.

- realizar preguntas tipo: ¿qué hizo?, ¿quién lo hizo?, ¿cómo lo hizo?, ¿con qué lo hizo?, ¿dónde lo hizo?, ¿cuándo lo hizo?, etc.

- Recabar la información individualmente y, una vez analizada, efectuar una entrevista conjunta para aclarar las contradicciones que hubiesen podido surgir.

Al final de la recogida de la información se van a tener unos HECHOS REALES (sin tener en cuenta interpretaciones, ni juicios de valor, ni culpables), que será conveniente clasificarlos en referentes al individuo, a la tarea, al medio y a la materia.

4.2.2 Integración de los datos

La integración pretende obtener una descripción fidedigna de los acontecimientos, que sea conforme a los hechos reales y describa el accidente concatenando los hechos recopilados.

Se debe hacer una valoración global de toda la información obtenida, atendiendo a su fiabilidad y ligazón lógica con el contexto, de forma que permita llegar a comprender el accidente. Se deben de concretar las distintas y posibles formas de desarrollo, analizando cada una de ellas individualmente, sopesando y valorando cada dato discordante y concluir con la forma de mayor probabilidad.

4.2.3 Determinación de las causas

Los hechos se analizan para determinar sus posibles causas, que deberán ser siempre agentes, hechos o circunstancias reales existentes en el suceso, y nunca las que se presupone han existido. Como causas solo se podrán aceptar las demostradas y no las apoyadas en suposiciones.

4.2.4 Selección de las causas principales

Entre todas las causas determinadas, se seleccionan las que tienen mayor importancia preventiva, y se analiza si es factible eliminarlas.

4.2.5 Conclusiones y propuestas

Se trata de agrupar las anteriores causas en orden de actuación preventiva, concluyendo con la proposición de una serie de medidas que hagan posible su eliminación.

4.3 Método del árbol de causas

El método del árbol de causas parte de un accidente que ha ocurrido y utiliza una lógica de razonamiento que permite, siguiendo un camino ascendente y hacia atrás en el tiempo, identificar y estudiar las disfunciones que se han producido en el sistema, y que han dado lugar a la aparición del accidente, permitiendo profundizar en los hechos causantes del accidente mas alejados de la lesión, hechos básicos.

La aplicación de este método implica una recogida de datos y la determinación de unos HECHOS, que se organizan cronológicamente, representándolos gráficamente en el denominado ARBOL DE CAUSAS, por su semejanza a la estructura de un árbol, en donde el punto de arranque es la lesión y las ramas son los hechos.

Para construir el árbol se parte de la lesión y se delimitan sus antecedentes más inmediatos, para lo cual se plantean las siguientes preguntas:

- ¿qué tuvo que ocurrir para que el hecho se produjera?
- ¿fue necesario?
- ¿fue suficiente?, en caso negativo ¿qué otras cosas tuvieron que suceder?

Las preguntas se realizan con alguno de los hechos recabados, teniendo así la primera ligazón entre la lesión y un hecho, a continuación se vuelven a repetir las mismas preguntas, y así las veces que sean necesarias hasta llegar a unos hechos básicos.

El siguiente paso es coger cada uno de los hechos relacionados anteriormente y para cada uno de ellos repetir la misma metodología.

En la búsqueda de los antecedentes de cada uno de los hechos podemos encontrarnos con distintas situaciones:

1) Cadena: el hecho (X) tiene un solo antecedente (Y), y su relación es tal que el hecho (X) no se produciría si el hecho (Y) no se hubiera producido antes. (X) e (Y) se dice que forman una cadena y se representa:

$$(Y) \rightarrow (X)$$
$$Lluvia \rightarrow Suelo.mojado$$

2) Conjunción: El hecho (X) no se produciría si el hecho (Y) no se hubiese producido antes, pero no basta eso, sino que además es necesario que se produzca el hecho (Z). El hecho (X) tiene dos antecedentes, (Y) y (Z). Se dice que entre ellos forman una conjunción, representándose:

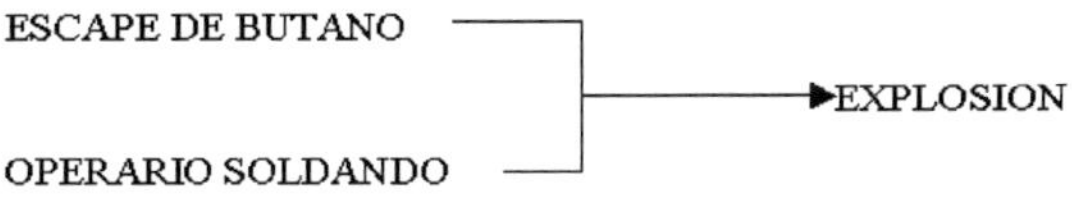

3) Disyunción: ni el hecho (Y) ni el hecho (Z) se producirían si previamente no se produjese (X). Se dice que forman una disyunción, representándose:

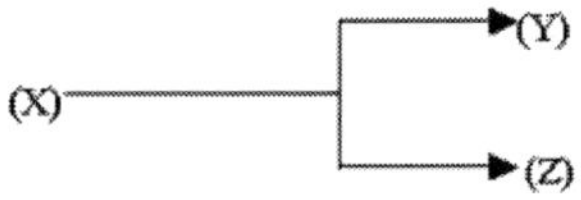

4) Independencia: no existe ninguna relación entre el hecho (X) y el hecho (Y), son dos hechos independientes y en su representación gráfica no están relacionados:

(X) (Y)
Deflagración Hueco desprotegido

Una vez confeccionado el árbol siguiendo esta metodología, deberemos actuar, para lo cual, basta con que cualquier hecho no se produzca para que el accidente no tenga lugar.

Considerando el árbol en su totalidad, las actuaciones sobre los hechos más próximos a la lesión suelen ser de aplicación sencilla e inmediata implantación; sin embargo, esto hace que la medida sea puntual y únicamente valida para ese accidente, razón por la cual será preciso actuar sobre las causas básicas, debiéndose tener en cuenta que la actuación sobre una causa común evita la producción de todos los accidentes donde se presente, al romper la cadena causal.

TEMA 5 - EL LUGAR DE TRABAJO

1. Legislación

Las condiciones generales de los locales se establecen en el Real Decreto 486/1997 Disposiciones mínimas de seguridad y salud en los lugares de trabajo, que transpone la Directiva 89/654/CEE.

Lugares de trabajo: áreas del centro de trabajo, edificadas o no, en las que los trabajadores deban permanecer o a las que puedan acceder en razón de su trabajo. Se consideran incluidos los servicios higiénicos y locales de descanso, los locales de primeros auxilios y los comedores (RD 486/1997).

Incluyen:

- Fábricas, instalaciones industriales, oficinas, escuelas, hospitales, etc. con sus locales, pasillos, escaleras y demás dependencias.
- Instalaciones de servicio: salas de calderas, centros de transformación e instalaciones de protección (contra incendios,...)

Están excluidos del RD 486/1997:

- Medios de transporte fuera de la empresa y los lugares de trabajo situados dentro de los medios de transporte.
- Obras de construcción temporales o móviles.
- Industrias de extracción.
- Campos de cultivo, bosques y otros terrenos que formen parte de la empresa o centro de trabajo agrícola o forestal, pero que estén situados fuera de la zona edificada de los mismos.
- Buques de pesca.

2. Accidentalidad causada por las condiciones de los locales

- Caídas en el mismo y a distinto nivel (suelos resbaladizos, alumbrado deficiente, obstrucciones, aberturas, etc.).
- Pisadas sobre objetos fuera de sitio, etc.
- Choques contra objetos inmóviles: máquinas muy próximas, material mal almacenado o fuera de sitio, etc.
- Choques contra objetos móviles u órganos de máquinas.
- Atropellos y golpes por vehículos en movimiento.
- Caídas de objetos por desplomes o derrumbamientos.

3. La seguridad en el proyecto

La seguridad en el trabajo mejora si se planifica en detalle el diseño de las instalaciones y su ubicación.

La eficacia de las medidas preventivas es mayor en la fase de proyecto, su realización más fácil y su coste menor que durante la ejecución o una vez finalizado.

Factores a considerar:

- Emplazamiento,
- Proceso productivo,
- Materiales empleados (materias primas, semiacabados y productos),
- Equipos y métodos de trabajo,
- Instalaciones: eléctrica, calderas, frigoríficas, de seguridad,...
- Dimensiones y disposición; distribución de máquinas y equipos.

En todos ellos debe preverse el comportamiento humano.

3.1 Emplazamiento

Emplazamiento: ubicación del centro y sus locales, considerando la influencia que puede ejercer sobre el medio físico (contaminación en sus diversas formas, proximidad a núcleos urbanos, etc.) y los efectos negativos que el medio ambiente exterior puede ocasionar (vientos predominantes, lluvias, desniveles, cauces fluviales, etc.).

Las fábricas que utilicen o produzcan sustancias peligrosas han de situarse lejos de núcleos urbanos si existe la posibilidad de efectos nocivos sobre estos y cumplir la reglamentación específica sobre accidentes graves.

3.2 Proceso productivo

Los procesos productivos que sean peligrosos deben situarse en edificios separados o áreas aisladas, con el menor número de personas posible.

Los procesos productivos son determinantes en cuanto a las exigencias legales y técnicas de los lugares de trabajo, instalaciones y servicios.

3.3 Materiales empleados

El conocimiento previo de las características, comportamiento y peligrosidad de las sustancias químicas y agentes biológicos permite diseñar instalaciones que prevengan los riesgos de su manejo.

3.4 Equipos y métodos de trabajo

Las instalaciones y los equipos se deben proyectar racionalmente para que:

- Estén de acuerdo al proceso productivo y los métodos de trabajo previstos, permitiendo una correcta interrelación con las personas.
- Se eviten entrecruzamientos negativos de las diferentes líneas y fases de producción y de almacenamiento.
- Se diferencie el movimiento de materiales y la circulación de personas.
- Se disponga de suficiente espacio de trabajo para las funciones y grado de ocupación previstos.

3.5 Instalaciones

Instalación eléctrica, según reglamentación industrial existente y Reglamento Electrotécnico de Baja Tensión.

Salas de calderas y de aire comprimido, según Reglamento de Aparatos a Presión. El recinto debe tener:

- Sistema de ventilación natural que permita la eliminación de los gases de combustión.
- Espacio suficiente para realizar las tareas de mantenimiento.
- Cartel sobre la puerta con procedimiento de operación en caso de emergencia y lista de verificación.
- Buena iluminación.

Instalaciones frigoríficas, según Reglamento de Seguridad para Plantas e Instalaciones Frigoríficas.

Almacenes de productos químicos que separen los que reaccionan entre sí, así como los inflamables.

3.6 Dimensiones y disposición; distribución de máquinas y equipos

Las dimensiones y disposición de los centros de trabajo deben cubrir las necesidades presentes y prevenir futuras ampliaciones, admitiendo una cierta versatilidad para adaptarse a modificaciones.

Las zonas de trabajo se distribuirán de manera que favorezcan el flujo entre materias primas, productos en elaboración y productos acabados, con espacio suficiente para su movimiento y almacenamiento.

Las materias entrantes deben llegar fácilmente y los productos acabados y desechos han de poder ser retirados sin estorbar el movimiento.

La maquinaria y los equipos se distribuirán en los espacios según el orden impuesto por el proceso de producción.

Las máquinas deben estar suficientemente separadas para que se operen cómodamente. Sus puntos móviles al desplazarse no deben invadir zonas de paso, golpeando o atrapando a quien circule, para ello se debe restringir el paso y señalizarlo.

Los puestos de trabajo deben estar claramente delimitados y disponer de lugar fijo para útiles y herramientas.

Las diferentes partes de la maquinaria y equipos deben ser de acceso fácil y cómodo, evitando movimientos y esfuerzos innecesarios, de acuerdo a criterios ergonómicos.

4. Condiciones generales de los locales

4.1 Seguridad estructural

La reglamentación vigente sobre construcción de edificios y locales industriales exige un proyecto redactado por un técnico facultativo competente, que debe ser visado por el colegio profesional del técnico, o en el caso de promoción pública, por la oficina de supervisión de proyectos u órgano análogo de la Administración. Ha de presentarse ante las autoridades locales o de las comunidades autónomas para obtener la licencia de obra.

Es responsabilidad del técnico facultativo que redacta el proyecto asegurar que todos los elementos estructurales o de servicio, incluidas las plataformas, escaleras y escalas tengan la solidez y la resistencia necesaria para soportar las cargas o esfuerzos a los que puedan estar sometidos, disponiendo de un sistema de armado, sujeción o apoyo que asegure su estabilidad.

Una vez en servicio, no sobrecargar pisos ni plantas de edificios.

Las zonas que pudieran sobrepasar su carga máxima resistente deberán tener señalizada su resistencia estructural, tomándose las medidas para que ello no pueda suceder.

4.2 Dimensiones mínimas

Las dimensiones de los locales de trabajo deberán permitir que los trabajadores realicen su trabajo sin riesgos para su seguridad y salud y en condiciones ergonómicas aceptables (véase figura 1). Sus dimensiones mínimas serán:

- 3 metros de altura desde el piso hasta el techo; en locales comerciales, de servicios, oficinas y despachos, la altura podrá reducirse a 2,5 m.
- 2 m^2 de superficie libre por trabajador.
- 10 m^3, no ocupados, por trabajador.

Estas dimensiones mínimas deben revisarse en función del ambiente físico de trabajo, no es lo mismo una oficina administrativa que un taller de transformaciones metálicas, una fábrica de pinturas o una planta química.

Figura 1: Dimensiones mínimas

4.3 Suelos, paredes, aberturas, desniveles y barandillas

Los suelos de los locales de trabajo deberán ser fijos, estables y no resbaladizos, sin irregularidades ni pendientes peligrosas.

Para elegir el tipo de suelo debe considerarse la carga y los esfuerzos que ha de soportar y la agresividad química de los productos que puedan derramarse. Los pisos en malas condiciones son causa de accidentes por caídas, resbalones o tropezones.

Cuando el proceso sea húmedo debe disponerse un buen drenaje.

Las aberturas o desniveles que supongan un riesgo de caída de personas se protegerán mediante barandillas u otros sistemas de protección, que podrán tener partes móviles para disponer de acceso. Se protegerán, en particular:

- Aberturas en suelos.
- Aberturas en paredes o tabiques, las plataformas, muelles o estructuras similares. La protección no será obligatoria, si la altura de caída es inferior a 2 metros.
- Lados abiertos de escaleras y rampas de más de 60 cm. de altura. Los lados cerrados tendrán un pasamanos, a una altura mínima de 90 cm., si la anchura de la escalera es mayor de 1,2 metros; si es menor, pero ambos lados son cerrados, al menos uno llevará pasamanos.

Las barandillas serán de materiales rígidos, tendrán una altura mínima de 90 cm. y protegerán del paso o deslizamiento por debajo de las mismas o la caída de objetos. También son apropiadas para evitar las caídas a distinto nivel las redes de diferentes tipos que se utilizan en construcción.

Las paredes conviene que sean lisas y pintadas en tonos claros. La limpieza y el uso de colores adecuados producen un efecto psicológico favorable y mejoran las condiciones de percepción y visibilidad.

4.4 Tabiques, ventanas y vanos

Los tabiques transparentes, translúcidos o acristalados deben estar señalizados y fabricados con materiales seguros o bien alejados de los puestos de trabajo y vías de paso.

Los vanos, ventanas y dispositivos de ventilación permitirán su apertura, cierre, ajuste o fijación de forma que no generen riesgo. Asimismo, deberán poder limpiarse sin riesgo para los trabajadores o para los que se encuentren en el edificio y sus alrededores.

4.5 Vías de circulación

Las dimensiones de las vías de circulación deben ser apropiadas al número de trabajadores que han de transitar, así como al tamaño de los elementos de transporte de materiales.

La anchura mínima de las puertas exteriores y de los pasillos será de 80 cm. y 1 m., respectivamente.

El diseño de los pasillos debe prever, sobre todo a efectos de evacuación, la disposición de la maquinaria, la situación de las puertas de entrada y salida y la circulación de materiales y carretillas. Es recomendable que estén limitados y señalizados y que no se usen para almacenar materiales, aunque sea circunstancialmente.

El RD 486/1997 no establece requisitos de altura, pero se debe de considerar para evitar accidentes al chocar el mástil de las carretillas con los dinteles de las puertas.

4.6 Puertas y portones

Las puertas transparentes deben tener señalización indeleble a la altura de la vista; si no son de material de seguridad deben protegerse contra la rotura accidental.

Puertas y portones de vaivén deben ser total o parcialmente transparentes, garantizando la visibilidad de la zona a la que se accede.

Cuando abran hacia arriba deben estar provistas de dispositivo de seguridad que les impida volver a bajarse cuando haya algún obstáculo en la zona de cierre.

Las mecánicas deben tener dispositivos de parada de emergencia, pudiéndose abrir también de forma manual.

Las puertas de salida tendrán acceso visible y señalizado y se abrirán en dirección al exterior.

Las puertas de acceso a escaleras deben abrir sobre descansos de anchura al menos igual a la de los escalones (véase figura 2).

4.7 Rampas y escaleras

Los accidentes en rampas y escaleras pueden deberse a deficiente construcción o mantenimiento, falta de protección o mal uso de las mismas.

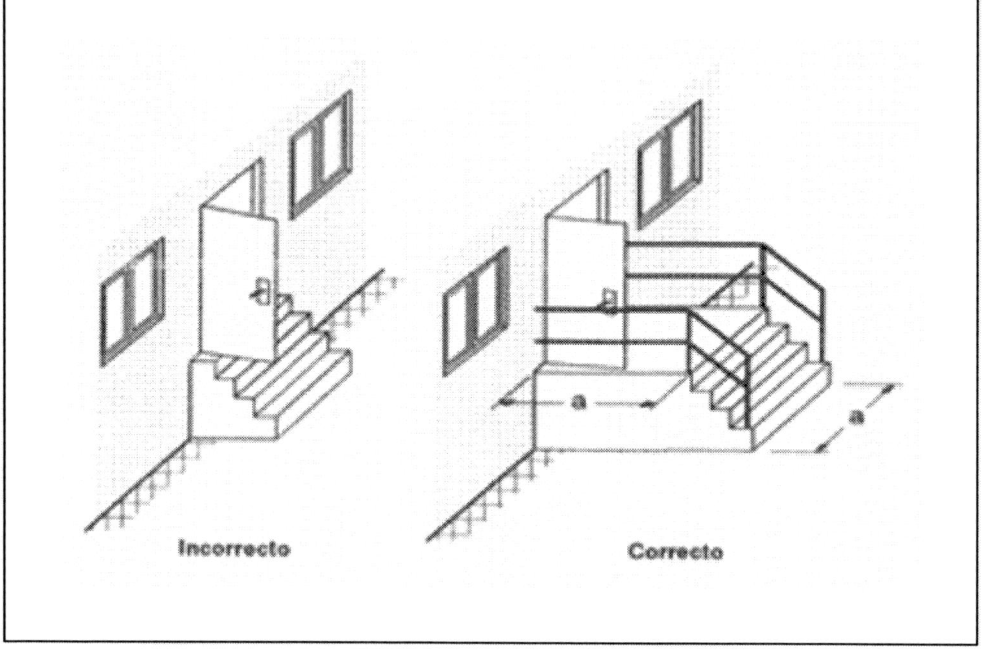

Figura 2: Puertas de acceso a escaleras

4.7.1 Rampas y escaleras fijas y de servicio

Escaleras de servicio son aquellas que han de utilizarse ocasionalmente y no de forma continuada para la realización de las tareas del puesto de trabajo.

En las escaleras o plataformas con pavimentos perforados la abertura máxima de los intersticios será de 8 mm.

Las rampas tendrán una pendiente máxima del 12% cuando su longitud sea menor que 3 m., del 10% cuando su longitud sea menor que 10 m. o del 8% en el resto de los casos, en locales anteriores a la entrada en vigor del RD se admite hasta el 20% (véase definición de pendientes en figura 3).

Las escaleras tendrán una anchura mínima de 1 m., excepto en las de servicio, que será de 55 cm., en locales anteriores a la entrada en vigor del RD se admite 90 cm. (véanse dimensiones de escaleras en figura 4).

Los peldaños de una escalera tendrán las mismas dimensiones. Se prohíben las escaleras de caracol excepto si son de servicio.

Los escalones de las escaleras que no sean de servicio tendrán una huella comprendida entre 23 y 36 cm., y una contrahuella entre 13 y 20 cm. Los escalones de las escaleras de servicio tendrán una huella mínima de 15 cm. y una contrahuella máxima de 25 cm.

La altura máxima entre los descansos de las escaleras será de 3,7 m. La profundidad de los descansos intermedios, medida en dirección a la escalera, no será menor que la mitad de la anchura de ésta, ni de 1 metro. El espacio libre vertical desde los peldaños no será inferior a 2,2 m.

Escaleras inclinación 20 - 45° (hasta 60° en las de servicio)

- Si inclinación < 20° utilizar rampas
- Si inclinación > 45° utilizar escalas

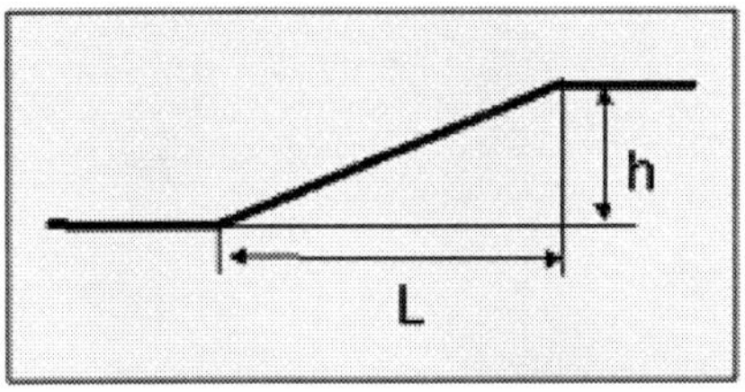

$$\text{Pendiente (\%)} = \frac{h}{L} \times 100$$

Figura 3: Definición de pendiente

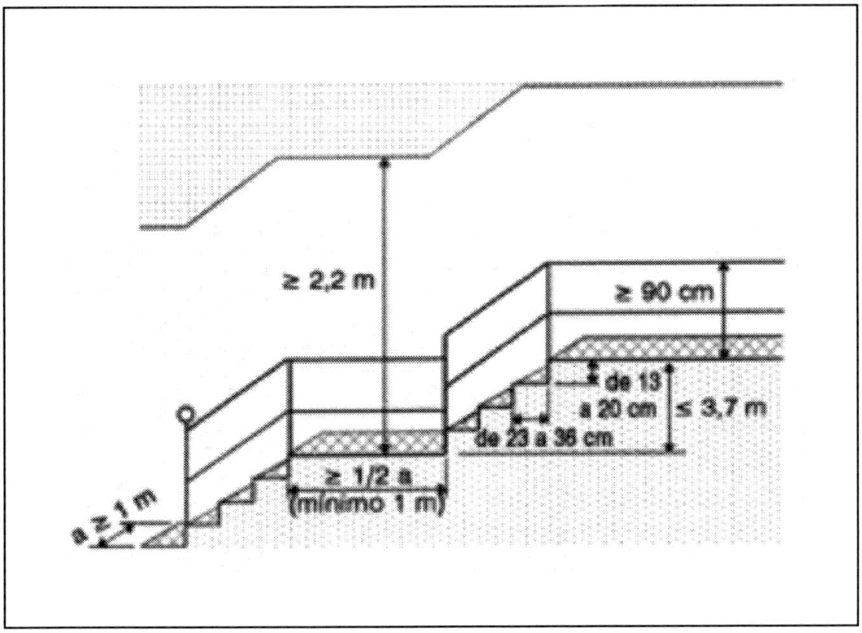

Figura 4: Dimensiones de las escaleras fijas

Las escaleras mecánicas y cintas rodantes deberán tener las condiciones de funcionamiento y dispositivos necesarios para garantizar la seguridad de los trabajadores que las utilicen. Sus dispositivos de parada de emergencia serán fácilmente identificables y accesibles.

Los pavimentos de las rampas, escaleras y plataformas de trabajo serán de materiales no resbaladizos o dispondrán de elementos antideslizantes. (Véase tabla 1 sobre combinaciones de suelo y calzado no resbaladizos).

L (m)	Pendiente máxima (%)
< 3	12
3 ≤ L ≤ 10	10
≥ 10	8

Condiciones del suelo	Tipo de suelo	Material de la suela del zapato		
		Cuero o PVC	Goma o poliuretanos	Goma y poliuretanos microcelulares
Pulido	Acero inoxidable	1	1	2
	Cerámica pulida	1	1	2
	Madera pulida	1	1	2
	Resina suave	1	1	2
Mate	Cerámica mate	1	2	2
Rugoso	Terrazo	1	2	3
	PVC / vinilo	2	2	3
	Cemento / hormigón	2	3	3
	Piedra de pavimento	2	3	3

1 = Combinación más deslizante

3 = Combinación menos deslizante

<u>**Tabla 1: Calzado y suelos no resbaladizos**</u>

4.7.2 Escalas fijas

Las escalas fijas son un tipo de escalera permanentemente sujeta a una superficie vertical, sirven para acceder ocasionalmente a tejados, pozos, silos, chimeneas y otras zonas de acceso restringido (véase figura 5).

La anchura mínima de las escalas fijas será de 40 cm. y la distancia máxima entre peldaños de 30 cm.

En las escalas fijas la distancia entre el frente de los escalones y las paredes más próximas al lado del ascenso será, por lo menos, de 75 cm. La distancia mínima entre la parte posterior de los escalones y el objeto fijo más próximo será de 16 cm. Habrá un espacio libre de 40 cm. a ambos lados del eje de la escala si no está provista de jaulas u otros dispositivos equivalentes.

Cuando el paso desde el tramo final de una escala fija hasta la superficie a la que se desea acceder suponga un riesgo de caída por falta de apoyos, la barandilla o lateral de la escala se prolongará al menos 1 metro por encima del último peldaño o se tomarán medidas equivalentes.

Las escalas fijas que tengan una altura superior a 4 metros dispondrán, al menos a partir de dicha altura, de una protección circundante. Esta medida no será necesaria en conductos, pozos angostos y otras instalaciones que, por su configuración, ya proporcionen dicha protección.

Si se emplean escalas fijas para alturas mayores de 9 metros se instalarán plataformas de descanso cada 9 metros o fracción.

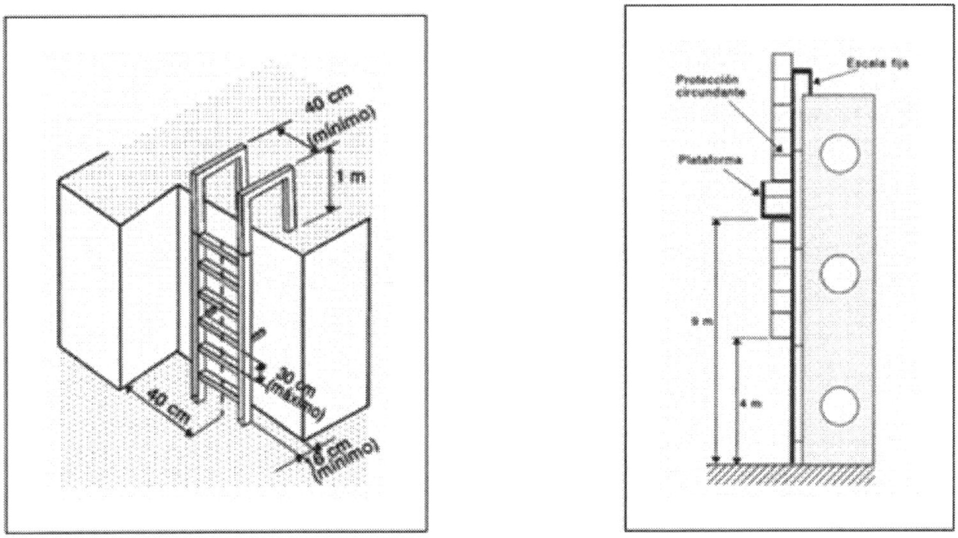

Figura 5: Escalas fijas

4.7.3 Escaleras de mano

Las escaleras de mano son las de mayor riesgo, por no usarlas bien o por mala conservación. Antes de utilizarlas deben revisarse por si hubiera peldaños o largueros astillados, clavos o tornillos sueltos, topes de retención rotos,...

Las escaleras de mano tendrán la resistencia y los elementos de apoyo y sujeción necesarios para que su utilización en las condiciones requeridas no suponga un riesgo de caída, por rotura o desplazamiento de las mismas... las escaleras de tijera dispondrán de elementos de seguridad que impidan su apertura al ser utilizadas.

Las escaleras de mano se utilizarán de la forma y con las limitaciones establecidas por el fabricante. No se emplearán escaleras... de más de 5 m. de longitud, de cuya resistencia no se tengan garantías. Queda prohibido el uso de escaleras de mano de construcción improvisada.

Antes de utilizar una escalera de mano deberá asegurarse su estabilidad. La base... deberá quedar sólidamente asentada, en superficies planas, estables y sólidas. *En el caso de escaleras simples la parte superior se sujetará, si es necesario, al paramento sobre el que se apoya y cuando éste no permita un apoyo estable se sujetará... mediante una abrazadera u otros dispositivos equivalentes.*

Las escaleras de mano simples se colocarán, en la medida de lo posible, formando un ángulo aproximado de 75º con la horizontal (separación de la pared 1/4 de la altura). Cuando se utilicen para acceder a lugares elevados sus largueros deberán prolongarse al menos 1 metro por encima (véase figura 6).

El ascenso, descenso y los trabajos desde escaleras se efectuarán de frente a las mismas, sin deslizarse, sujetándose con ambas manos y comprobando que los zapatos están limpios de grasas, barros u otras sustancias deslizantes.

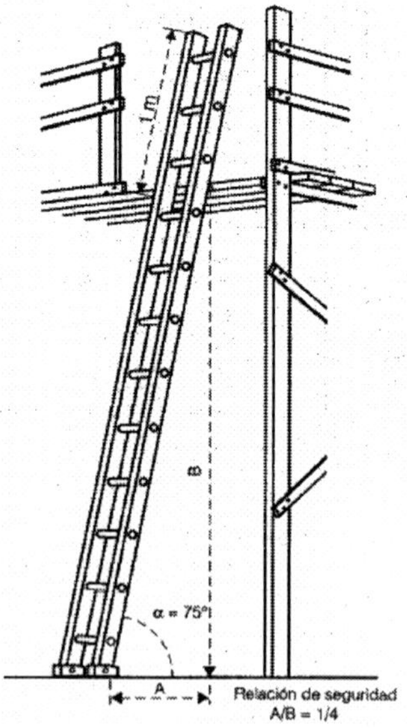

Figura 6: Apoyo de escalera

Los trabajos a más de 3,5 m. de altura,... que requieran movimientos o esfuerzos peligrosos para la estabilidad del trabajador, solo se efectuarán si se utiliza cinturón de seguridad o se adoptan otras medidas de protección.

No se utilizarán por dos o más personas simultáneamente.

Las escaleras de mano se revisarán periódicamente. Se prohíbe la utilización de escaleras de madera pintadas, por la dificultad que ello supone para la detección de sus posibles defectos.

No se utilizarán frente a puertas, junto a cables eléctricos o apoyadas en tuberías (véase figura 7).

Figura 7: Utilización de escaleras manuales

4.8 Vías y salidas de evacuación

Las vías y salidas de evacuación deberán permanecer libres de cualquier obstáculo y desembocar lo más directamente posible en el exterior, no deben presentar obstáculos.

Todos los puestos de trabajo deben poder ser abandonados de forma segura.

Las puertas de emergencia deberán abrirse hacia el exterior y no podrán estar cerradas con llave ni ser giratorias o correderas.

Las puertas situadas en los recorridos de evacuación deberán estar señalizadas y se abrirán hacia el exterior sin ayuda. Las vías de evacuación deberán tener iluminación de seguridad.

Nota: El capítulo de Condiciones Generales de los Locales del RD 486/1997 también trata protección contra incendios, instalación eléctrica y acceso de minusválidos, dando contenidos mínimos cuando no es de aplicación una normativa específica.

5. Vestuarios y servicios higiénicos

Los lugares de trabajo dispondrán de vestuarios cuando los trabajadores deban llevar ropa especial de trabajo y no se les pueda pedir, por razones de salud o decoro, que se cambien en otras dependencias. Si no, deberán existir colgadores o armarios para la ropa.

Los vestuarios estarán provistos de asientos y de armarios o taquillas individuales con llave, que tendrán la capacidad suficiente para guardar la ropa y el calzado. Los armarios o taquillas para la ropa de trabajo y para la de calle estarán separados cuando ello sea necesario por el estado de contaminación, suciedad o humedad de la ropa de trabajo.

Los lugares de trabajo dispondrán, en las proximidades de los puestos de trabajo y de los vestuarios, de locales de aseo con espejos, lavabos con agua corriente, caliente si es necesario, jabón y toallas individuales u otro sistema de secado con garantías higiénicas. Dispondrán además de duchas de agua corriente, caliente y fría, cuando se realicen habitualmente trabajos sucios, contaminantes o que originen elevada sudoración. En tales casos, se suministrarán a los trabajadores los medios especiales de limpieza que sean necesarios.

Si los locales de aseo y los vestuarios están separados, la comunicación entre ambos deberá ser fácil.

Los lugares de trabajo dispondrán de retretes, dotados de lavabos, situados en las proximidades de los puestos de trabajo, de los locales de descanso, de los vestuarios y de los locales de aseo, cuando no estén integrados en éstos.

Los retretes dispondrán de descarga automática de agua y papel higiénico. En los retretes que hayan de ser utilizados por mujeres se instalarán recipientes especiales y cerrados. Las cabinas estarán provistas de una puerta con cierre interior y de una percha y serán de dimensiones adecuadas, fácil acceso y fácil limpieza.

Los vestuarios,... aseos y retretes estarán separados para hombres y mujeres, o deberá preverse una utilización por separado... No se utilizarán para usos distintos de aquellos para los que estén destinados.

6. Locales de descanso

6.1 Generalidades

Cuando la seguridad o la salud de los trabajadores lo exijan, en particular en razón del tipo de actividad o del número de trabajadores, éstos dispondrán de un local de descanso de fácil acceso... no se aplicará cuando el personal trabaje en despachos o en lugares de trabajo similares que ofrezcan posibilidades de descanso equivalentes durante las pausas.

Las dimensiones de los locales de descanso y su dotación de mesas y asientos con respaldos serán suficientes para el número de trabajadores que deban utilizarlos simultáneamente.

Las trabajadoras embarazadas y madres lactantes deberán tener la posibilidad de descansar tumbadas en condiciones adecuadas.

Los lugares de trabajo en los que sin contar con locales de descanso, el trabajo se interrumpa regular y frecuentemente, dispondrán de espacios donde los trabajadores puedan permanecer durante esas interrupciones, si su presencia durante las mismas en la zona de trabajo supone un riesgo para su seguridad o salud o para la de terceros.

Tanto en los locales de descanso como en los espacios mencionados en el apartado anterior deberán adoptarse medidas adecuadas para la protección de los no fumadores contra las molestias originadas por el humo...

6.2 Locales provisionales y al aire libre

En los trabajos al aire libre, cuando la seguridad o la salud de los trabajadores lo exijan, en particular en razón del tipo de actividad o del número de trabajadores, éstos dispondrán de un local de descanso de fácil acceso.

En los trabajos al aire libre en los que exista un alejamiento entre el centro de trabajo y el lugar de residencia de los trabajadores, que les imposibilite para regresar cada día,... dispondrán de... dormitorios y comedores.

7. Materiales y locales de primeros auxilios

Los lugares de trabajo dispondrán del material y, en su caso, de los locales necesarios para la prestación de primeros auxilios a los trabajadores accidentados.

Todo lugar de trabajo deberá disponer, como mínimo, de un botiquín portátil que contenga desinfectantes y antisépticos autorizados, gasas estériles, algodón hidrófilo, venda, esparadrapo, apósitos adhesivos, tijeras, pinzas y guantes desechables.

El material de primeros auxilios se revisará periódicamente y se irá reponiendo tan pronto como caduque o sea utilizado.

Los lugares de trabajo de más de 50 trabajadores deberán disponer de un local destinado a los primeros auxilios y otras posibles atenciones sanitarias. También deberán disponer del mismo los lugares de trabajo de más de 25 trabajadores para los que así lo determine la autoridad laboral, teniendo en cuenta la peligrosidad de la actividad desarrollada y las posibles dificultades de acceso al centro de asistencia médica más próximo.

Los locales de primeros auxilios dispondrán, como mínimo, de un botiquín, una camilla y una fuente de agua potable. Estarán próximos a los puestos de trabajo y serán de fácil acceso para las camillas.

El material y locales de primeros auxilios deberán estar claramente señalizados.

8. Orden, limpieza y mantenimiento

Son frecuentes los accidentes que se producen por golpes y caídas como consecuencia de un ambiente desordenado o sucio, suelos resbaladizos, materiales fuera de su lugar, acumulación de material sobrante o de desperdicios de producción, comida, etc.

- ORDEN Y LIMPIEZA ES UN PRINCIPIO BÁSICO DE SEGURIDAD
- UN LUGAR PARA CADA COSA, CADA COSA EN SU LUGAR

Las zonas de paso, salidas y vías de circulación de los lugares de trabajo y ... evacuación en casos de emergencia, deberán permanecer libres de obstáculos de forma que sea posible utilizarlas sin dificultades en todo momento.

Evitar suelos resbaladizos por aceites o grasas. Deben fregarse con detergente o jabón, evitando el uso de hidrocarburos o productos corrosivos.

Los lugares de trabajo, incluidos los locales de servicio, y sus respectivos equipos e instalaciones, se limpiarán periódicamente y siempre que sea necesario para mantenerlos en todo momento en condiciones higiénicas adecuadas.

Se eliminarán con rapidez los desperdicios, las manchas de grasa, los residuos de sustancias peligrosas y demás productos residuales que puedan originar accidentes o contaminar el ambiente de trabajo.

Los desechos deben ser controlados y eliminados, disponiéndose de los recipientes adecuados, que se vaciarán con frecuencia. Por ejemplo, para inflamables se utilizarán bidones metálicos con tapa para evitar la propagación de incendios.

Los residuos especiales deben recogerse y tratarse por separado de los demás. Aquellas máquinas o instalaciones que puedan perder líquidos deben disponer de un sistema de recogida y drenaje que evite su esparcimiento por el suelo. Por ejemplo, se separarán inflamables de oxidantes.

Los lugares de trabajo y, en particular, sus instalaciones, deberán ser objeto de un mantenimiento periódico ... En el caso de las instalaciones de protección, el mantenimiento deberá incluir el control de su funcionamiento.

<u>Orden y limpieza</u>: indicador de:
- estado de seguridad
- aprovechamiento del espacio
- adopción de medidas preventivas (véase figura 8).

<u>Nota</u>: el RD 486/1997 "Lugares de trabajo" establece **condiciones ambientales** mínimas de:

- temperatura, humedad, ventilación,
- iluminación y colores del espacio de trabajo,

que son objeto de higiene industrial y ergonomía.

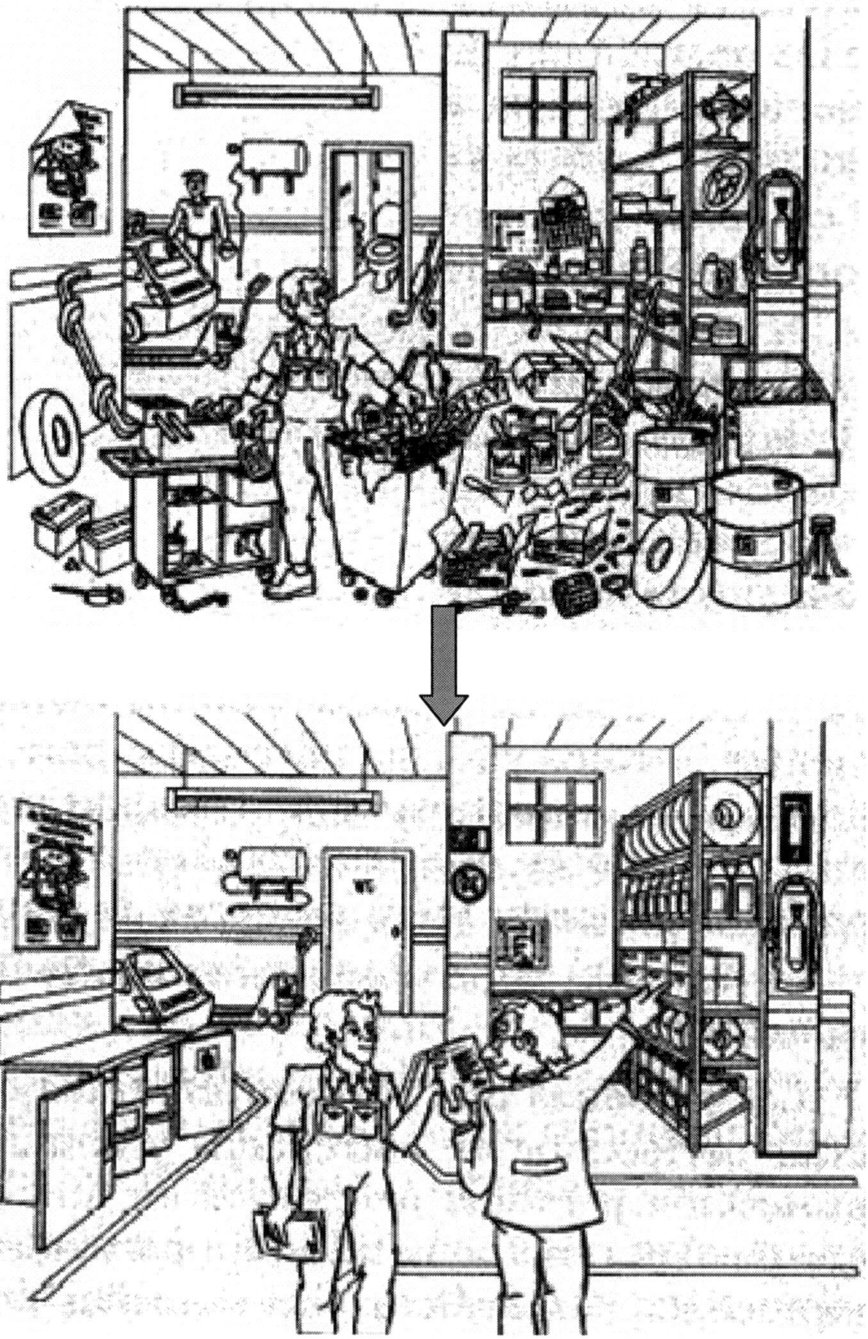

Figura 8: Organización, orden y limpieza (antes y después)

TEMA 6 – MÁQUINAS, EQUIPOS Y HERRAMIENTAS

1. Legislación aplicable y Siniestralidad

1.1 Legislación aplicable

Máquinas: existe legislación de seguridad que afecta al **diseño y fabricación** de la propia máquina. Principal legislación nacional:

- RD 1495/1986 Reglamento de seguridad de máquinas.
- RD 1435/1992 Máquinas y RD 56/1995 Máquinas (modifica el anterior).

Las normas armonizadas recogen requisitos esenciales de seguridad y salud que deben cumplir las máquinas para que puedan ser comercializadas en la UE con marcado CE de conformidad.

Equipos: existe legislación que afecta a los equipos de trabajo en relación a los riesgos que pueden producirse en su **utilización**. Principal legislación nacional:

- RD 1215/1997 Disposiciones mínimas de seguridad y salud para la utilización de equipos de trabajo, que establece:
    - obligaciones a empresarios
    - disposiciones mínimas a los equipos
    - disposiciones para su utilización

Herramientas: la legislación no entra en el detalle de las herramientas, aunque puedan existir normas específicas para algunas de ellas.

1.2 Siniestralidad

Las máquinas están involucradas en numerosos accidentes de trabajo, muchos de ellos graves o mortales:

14% del total.
17% de los graves.
6% de los mortales.

Los accidentes causados por herramientas también son numerosos, pero generalmente son de carácter leve:

9% del total.
4% de los graves.

1) **Riesgos mecánicos**: (véanse figuras 1 y 2)

- aplastamiento
- cizallamiento
- corte o seccionamiento
- enganche, atrapamiento o arrastre
- impacto
- punzonamiento
- fricción o abrasión
- proyección de fluido,...

Figuras 1 y 2: Riesgos mecánicos

2) **Riesgo eléctrico**: puede dar lugar a choques eléctricos, quemaduras o electrocuciones y su origen puede ser:

- contactos eléctricos directos por conductores activos
- contactos indirectos por conductores puestos en tensión accidentalmente
- descargas electrostáticas
- fenómenos térmicos por cortocircuitos o sobrecargas,...

3) **Riesgo térmico**: puede dar lugar a quemaduras por materiales a alta o muy baja temperatura, llamas, explosiones, fuentes de calor,...

4) **Riesgos producidos por agentes físicos**:

- Ruido, provoca deficiencias de audición y otros efectos.
- Vibraciones, puede provocar problemas osteoarticulares y vasculares.
- Radiaciones producidas en arcos de soldadura, láseres y campos electromagnéticos, causa de diversos efectos.

5) **Riesgos de materiales y sustancias**: los materiales y sustancias procesadas, utilizadas o desprendidas por las máquinas pueden causar riesgos higiénicos por contacto o inhalación, así como de incendio y explosión,...

6) **Riesgos debidos a defectos ergonómicos**: la falta de adaptación de la máquina a las características y aptitudes humanas puede dar lugar a riesgos fisiológicos.

3. Medidas de seguridad de máquinas y equipos

Las medidas de seguridad de las máquinas afectan a su fabricante y deben exigirse en el momento de su adquisición.

Las industrias con procesos complejos, como químicas, metalúrgicas, mineras, etc. trabajan con grandes sistemas de máquinas e instalaciones, en ocasiones constituidos por máquinas independientes unidas por elementos de transporte y en otras por sistemas de diseño propio, en estos casos la seguridad es responsabilidad de la empresa.

Máquinas, equipos e instalaciones deben incluir dispositivos de seguridad que impidan la posibilidad de accidentarse incluso cuando el trabajador disminuya su nivel de atención o realice un movimiento erróneo.

En función de los diferentes riesgos se podrán colocar una serie de medidas de seguridad, que pueden ser **integradas** en la propia máquina o **no integradas**. Siempre que sea posible debe tenderse a medidas de prevención integradas en la propia máquina.

3.1 Medidas integradas

Orden de prioridad en medidas integradas:

1. Evitar el riesgo o reducir el riesgo con medidas de prevención intrínseca.
2. Medidas de Protección contra riesgos que no son evitables.
3. Informar y advertir a los usuarios, cuando no se puede proteger.
4. Disposiciones suplementarias de otro tipo.

3.1.1 Prevención intrínseca

La Prevención intrínseca consiste en evitar el mayor número de riesgos posibles o reducir los riesgos o reducir la exposición de las personas a los riesgos no reducidos o eliminados.

Actuaciones para reducir o eliminar riesgos:

- Evitar salientes y aristas cortantes.
- Hacer mecanismos intrínsecamente seguros: aberturas pequeñas, sustituir transmisiones peligrosas, etc.
- Evitar sobreesfuerzos y fatiga de materiales.
- Utilizar materiales que no sean nocivos y resistan la corrosión.
- Usar tecnologías y fuentes de alimentación seguras: fluidos no inflamables, tensiones de seguridad,...

- Colocar dispositivos de enclavamiento de seguridad positiva: elementos que al moverse arrastran indefectiblemente a otros, con lo que se garantiza su correcto posicionamiento.
- Respetar los principios ergonómicos.
- Diseñar bien los sistemas de mando.
- Formas de mando especiales para reglaje y ajuste: mando sensitivo a velocidad normal, mando sensitivo a velocidad baja, mando a impulsos, etc.
- Buen diseño de equipos hidráulicos y neumáticos.

Actuaciones para reducir la exposición de las personas:
- Mejorar la fiabilidad del equipo y sus componentes.
- Mecanizar y automatizar operaciones de carga y descarga.
- Ubicar puntos de reglaje y operación fuera de las zonas peligrosas.

3.1.2 Protección

Cuando no se pueden evitar o reducir los riesgos mediante medidas de prevención intrínseca se aplican medidas de **protección**, cuyo objeto puede ser:
- Distanciar la zona peligrosa, para que sea inalcanzable.
- Impedir el acceso a la zona peligrosa mediante barreras.
- Anular el riesgo antes de que se alcance (tiempo).

Los elementos de protección son, fundamentalmente:
- Resguardos y
- Dispositivos de Protección.

Requisitos de la Protección de una máquina:
- No obstruir ni impedir el movimiento normal de la máquina.
- Resistencia mecánica adecuada a la potencia y al tipo de riesgo.
- Permitir el acceso a las partes protegidas para lubricar, mantener o inspeccionar.
- Impedir el funcionamiento si la protección no está colocada.
- No constituir un nuevo riesgo.
- A prueba de la impericia del operador.
- Conservar el color de la máquina en el exterior, en el interior se identifica con el color indicado en normas.

Resguardo es un componente de una máquina utilizado como barrera material que garantice la protección. Puede colocarse directamente sobre la parte a proteger o asociado a un dispositivo de enclavamiento o bloqueo.

Tipos de resguardo:
- Fijo: mantiene su posición de manera permanente, y puede ser:
  - Envolvente, encierra por completo la zona peligrosa (véase figura 3).

- Distanciador, por dimensiones y situación hace inaccesible la zona peligrosa (véase figura 4).

- Móvil: es posible abrirlo sin herramientas, a su vez puede ser:
  - Móvil con enclavamiento, solo funciona cuando está cerrado (véase figura 5).
  - Móvil con enclavamiento y bloqueo, éste sólo se libera con las funciones peligrosas de la máquina detenidas.
  - Móvil asociado al mando, puede estar asociado a un dispositivo de enclavamiento (al abrir el resguardo se detienen las funciones peligrosas) o bien de enclavamiento y bloqueo (el resguardo no puede abrirse hasta que el riesgo haya desaparecido). El cierre del resguardo pone en marcha las funciones peligrosas.
  - Móvil motorizado: asociado al menos a enclavamiento, su motorización evita riesgos de aplastamiento, golpe o corte al cerrar.
- Regulable: resguardo fijo o móvil que se ajusta en parte o en su totalidad, destinado a órganos móviles que no pueden hacerse totalmente inaccesibles.
  - Autorregulable, resguardo móvil accionado por una parte del equipo o una pieza a trabajar, que retorna automáticamente a la posición de cierre cuando la pieza ha liberado la abertura (véanse figuras 6 y 7).

Según la frecuencia de acceso se selecciona el tipo de resguardo:

- Si no se requiere un acceso continuado es preferible uno fijo por ser el más sencillo.
- Si no se requiere acceso en funcionamiento normal se utilizará un envolvente o distanciador.
- Si fuera preciso el acceso se podrá utilizar un resguardo con enclavamiento o bloqueo o un resguardo regulable.

Figura 3: Resguardo fijo envolvente

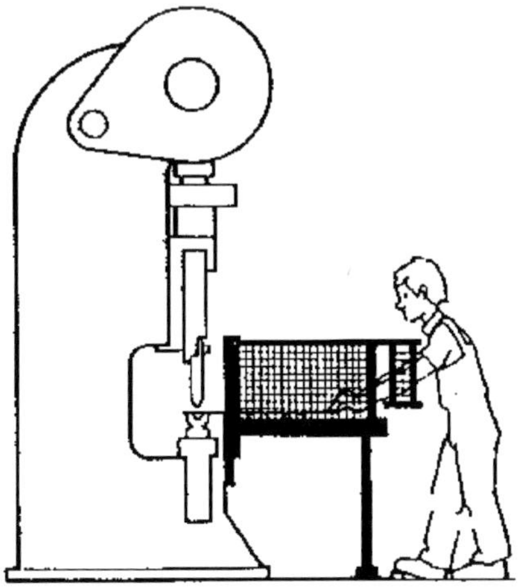

Figura 4: Resguardo fijo distanciador

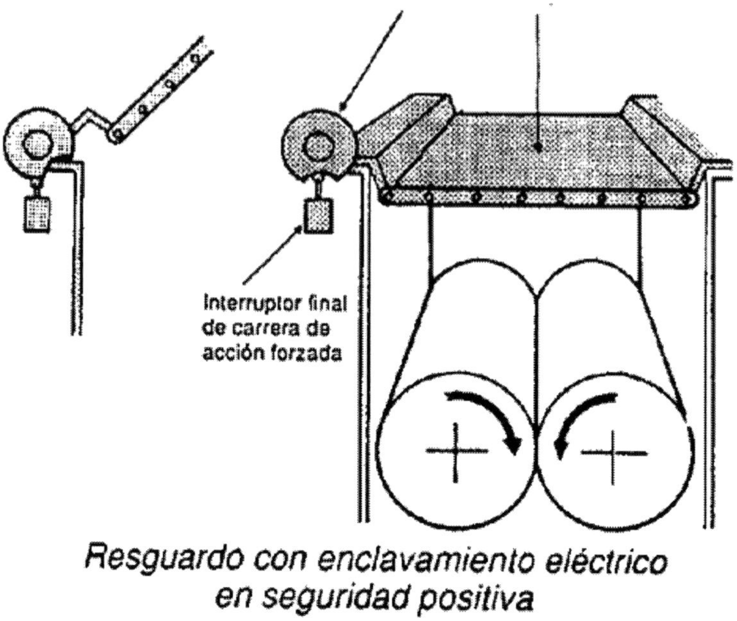

Figuras 5: Resguardo móvil con enclavamiento

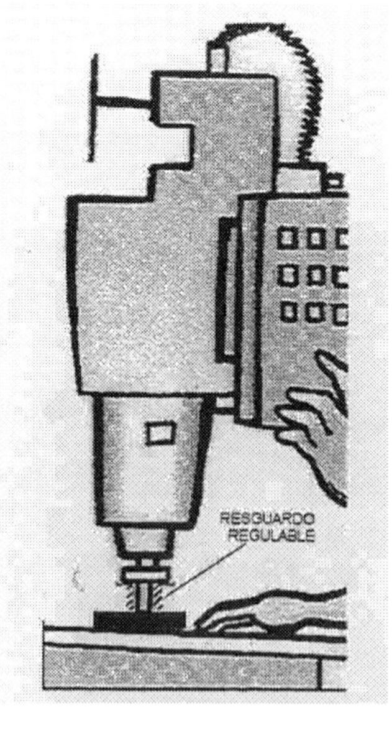

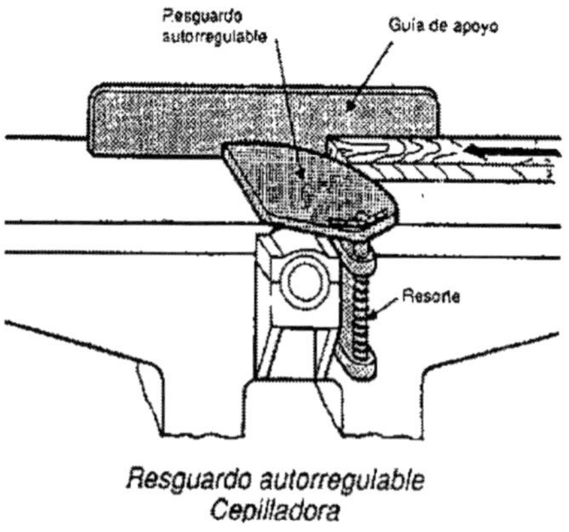

Figuras 6 y 7: Resguardos autorregulables

Los **Dispositivos de Protección** impiden que se inicie o se mantenga una fase peligrosa de una máquina cuando parte del cuerpo de una persona esté en la zona de peligro o evitan sucesos incompatibles entre sí.

Tipos de dispositivos de protección:

- Dispositivos de enclavamiento, impiden secuencias automáticas hasta que se cumplan determinadas condiciones o impiden sucesos incompatibles entre sí. Por ejemplo, que los contactores de un motor se conecten en estrella y en triángulo simultáneamente.
- Dispositivos sensibles, ordenan la parada o inhiben la puesta en marcha cuando alguien rebasa un límite de seguridad o acciona voluntaria o involuntariamente el dispositivo sensible. Pueden ser mecánicos (barras y bordes), fotoeléctricos (véase figura 8), ultrasónicos, tapices sensibles, etc.
- Mando a dos manos, protege al operador de un equipo exigiendo la maniobra simultánea con ambas manos para mantener su función (véase figura 9).
- Mandos sensitivos, mantiene en funcionamiento la máquina mientras el mando está accionado. Si se suelta se detiene automáticamente.
- Mando a impulsos, mando que permite un desplazamiento limitado de un equipo, siendo necesario soltar y volver a accionar para un nuevo avance, se utiliza en prensas.
- Dispositivo de validación, órgano suplementario de mando, accionado manualmente, que se usa junto con un órgano de puesta en marcha (generalmente mando sensitivo) y que permite el funcionamiento sólo mientas se mantiene accionado.
- Retención mecánica, dispositivo que inserta un obstáculo mecánico (cuña, pasador,...) para oponerse a un movimiento peligroso.
- Dispositivo limitador, impide que se sobrepase un límite establecido de presión, nivel, caudal, temperatura, velocidad, etc.

Figura 8: Dispositivo sensible fotoeléctrico

Figura 9: Mando a dos manos

Según la frecuencia de acceso se selecciona el tipo de dispositivo de protección:

- Si no se requiere acceso en funcionamiento normal se utilizará un dispositivo sensible, mando a dos manos, etc.
- Cuando se realizan reglajes pueden utilizarse dispositivos de mando sensitivo, a impulsos, etc.
- Cuando el riesgo proviene de sobrepasar límites físicos (temperatura, presión,...) se utilizan los limitadores.

3.1.3 Información y advertencias

Información y advertencias, son importantes a nivel de seguridad:

- Libro de instrucciones del fabricante
- Marcas y signos para indicar puntos peligrosos y consejos o advertencias
- Señales que deben ser fácilmente identificables y reconocibles, ya sean visuales, acústicas, etc.

3.1.4 Disposiciones suplementarias

Parada de emergencia, permiten detener la máquina en situaciones imprevistas o de difícil control. Nunca se utilizará como alternativa a otros sistema de protección ni como parada normal de la máquina. Deben diseñarse de modo que se activen cuando alguien caiga accidentalmente sobre la máquina o sea atrapado, así es preferible su accionamiento mediante un cable que mediante un pulsador.

Dispositivos de rescate de personas, que evitan el encerramiento de personas en la máquina. Ejemplo: cinturón de hombre muerto, paraliza toda la actividad en caso de caída de una persona en el interior de una instalación tipo túnel.

Consignación de máquinas, consiste en separar o seccionar la máquina de cualquier fuente de energía, bloquear las partes móviles, verificar la ausencia de energía potencial (presión de fluidos, tensión eléctrica, energía mecánica de muelles,…) y de energía cinética (piezas que se mueven por inercia) y señalizar el estado de máquina consignada, lo que garantiza la imposibilidad de funcionamiento cuando hay que trabajar o acceder para limpieza, mantenimiento o reparación. Ejemplo: llevarse la llave de arranque de la hormigonera, bloquear las palas y poner un cartel cuando se accede para limpieza.

Facilidades integradas para el mantenimiento de las máquinas, como accesorios para eslingas, utillaje especial, carro sobre raíles o polipasto con los utillajes que se deben intercambiar, utilizados en inyección y extrusión de plásticos, etc.

3.2 Medidas no integradas

Existen puestos de trabajo que presentan riesgos a pesar de todas las medidas integradas mencionadas anteriormente, por lo que se deben complementar con:

- Utilización de EPIs (prendas de protección personal), adecuados al tipo de trabajo y riesgo.
- Formación en seguridad del trabajador en su puesto y conocimiento de las instalaciones.
- Instrucciones de seguridad (métodos de trabajo) que se deben de cumplir para reducir al mínimo el riesgo de accidentes.
- Mantenimiento eficaz.

3.3 Selección de las medidas de seguridad

Las medidas de seguridad son una combinación de las medidas adoptadas en la fase de diseño y construcción de la máquina y de las medidas que deberán ser tomadas por el usuario. La tabla 1 resume las medidas de seguridad de máquinas y equipos con mención a quienes las deben adoptar (diseñadores y fabricantes, usuarios o ambos).

Las medidas que puedan ser adoptadas en la fase de diseño son preferibles a las incorporadas por el usuario.

La selección de las medidas de seguridad se basa en cuatro aspectos:

- Límites de la máquina.
- Identificación de riesgos.
- Evaluación de riesgos.
- Aspectos económicos.

3.3.1 Límites de la máquina

Es preciso determinar los límites de la máquina:

- Espaciales, amplitud de movimientos y recorridos.
- Temporales, vida límite previsible de la máquina y de sus componentes.
- De utilización, determinación del uso previsto de la máquina.

3.3.2 Identificación de riesgos

Es necesario identificar los riesgos que puede generar la máquina: mecánicos, eléctricos, térmicos,… en las distintas fases de su vida:

- Fabricación.
- Transporte y puesta en servicio.
- Utilización.
- Puesta fuera de servicio, desmantelamiento y retirada.

INTEGRADAS	Intrínsecas	Evitar o reducir riesgos		
		Limitar la exposición		
	Protección	Resguardos	Fijos	Envolvente
				Distanciador
			Móviles	Con enclavamiento
				Con enclavamiento y bloqueo
				Asociado al mando
				Motorizado
			Regulables y auto-regulables	
		Dispositivos	Enclavamiento	
			Sensibles	
			Mando a dos manos	
			Mandos sensitivos	
			Mando a impulsos	
			De validación	
			Retención mecánica	
			Limitador	
	Informar y advertir	Libro de instrucciones		
		Marcas y signos		
		Señales		
	Suplementarias	Parada de emergencia		
		Dispositivo de rescate		
		Consignación		
		Facilidades integradas		
NO INTEGRADAS	EPIs			
	Formación			
	Métodos de trabajo seguro			
	Mantenimiento			
	Normas internas			

Diseñador y fabricante
Diseñador, fabricante y usuario
Usuario

Tabla 1: Medidas de seguridad de máquinas y equipos

3.3.3 Evaluación de riesgos

De acuerdo con la norma UNE-EN 1050 se deben evaluar la probabilidad de que se produzca un daño y la mayor gravedad previsible de ese daño, aunque ésta última sea bastante difícil de prever.

La probabilidad se evalúa considerando:

- Exposición, frecuencia de acceso y tiempo de permanencia en zona peligrosa.
- Facilidad de desencadenarse un fallo que motive un accidente.
- Posibilidad de evitar o limitar el daño.

3.3.4 Balance económico

En la elección se debe llegar a un equilibrio entre la seguridad, los costes de fabricación y de utilización, considerando también la aptitud de la máquina para ejercer su función sin entorpecimientos y la facilidad de mantenimiento.

4. Herramientas

Muchas lesiones se producen por la utilización de herramientas manuales o accionadas por motor a causa de:

- No utilizar la herramienta o equipo adecuado.
- Herramientas de mala calidad, defectuosa o mal diseñada.
- Falta de formación en su uso y utilización incorrecta.
- Herramientas depositadas en lugares peligrosos.
- Herramientas transportadas de modo inadecuado.
- Malas condiciones de mantenimiento.

Las herramientas se clasifican en manuales y a motor para analizar sus riesgos y medidas de protección.

4.1 Herramientas manuales

Herramientas manuales, pueden ser:

- Herramientas de golpe: martillos, cinceles,...
- Herramientas con bordes filosos: cuchillos, hachas,...
- Herramientas de corte: tenazas, alicates, tijeras,...
- Herramientas de torsión: destornilladores, llaves,...

Riesgos:

- Golpes y cortes en manos y otras partes del cuerpo.
- Lesiones oculares por proyección de fragmentos volantes.
- Esguinces por movimientos violentos.

Causas principales:

- Inadecuada utilización de las herramientas.
- Utilización de herramientas defectuosas.
- Herramientas de mala calidad.

Precauciones o instrucciones de utilización:

- Las herramientas deben estar fabricadas con material adecuado a su función.
- Deben eliminarse los rebordes y filamentos que puedan desprenderse al golpear.
- Deben mantenerse bien afiladas.
- Deben estar tratadas para conseguir la dureza o temple adecuado.

Medidas preventivas:

- Adquisición de herramientas de calidad, acordes al tipo de trabajo a realizar.
- Instrucción adecuada para la utilización de cada herramienta.
- Utilización de guantes al manipular herramientas cortantes.
- Mantenimiento periódico: reparación, afilado, templado y limpieza

- Revisión periódica del estado de los mangos, recubrimientos aislantes, etc.
- Almacenamiento en paneles o cajas adecuados, donde cada herramienta tenga su lugar (véase figura 10).
- Transporte en cajas, bolsas o cinturones especialmente diseñados para ello. No se deben llevar en los bolsillos, sean punzantes, cortantes o no.

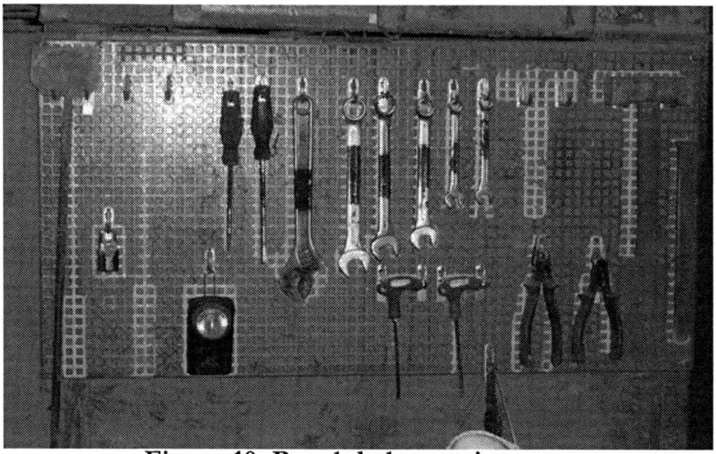

Figura 10: Panel de herramientas

4.2 Herramientas a motor

Las herramientas a motor, progresivamente van reemplazando a las manuales, lo que supone nuevos riesgos. Las más peligrosas son martillos neumáticos, taladradoras, motosierras y lámparas portátiles.

Riesgos:

- Contacto eléctrico por fallos de aislamiento entre las partes en tensión y la carcasa.
- Golpes y cortes en manos y otras partes del cuerpo.
- Lesiones oculares por proyección de fragmentos o partículas.
- Esguinces por movimientos o esfuerzos violentos.

Causas de accidente: son las mismas de las manuales, a las que hay que añadir el riesgo eléctrico, del aire comprimido, etc.

Medidas preventivas: Las normas a aplicar son las mismas que para las herramientas manuales, a las que hay que añadir la prevención contra los riesgos derivados de la energía utilizada (electricidad, aire comprimido, etc.)

Las herramientas eléctricas portátiles deben funcionar con tensión de seguridad (24 voltios) o estar dotadas de doble aislamiento.

TEMA 7 – ELEVACIÓN, TRANSPORTE Y ALMACENAMIENTO

1. Ámbito y legislación aplicable

En toda actividad se mueven materiales. Se estudian los materiales sólidos o recipientes que se desplazan en tres fases: levantamiento, transporte y descarga, así como el almacenamiento de productos sólidos.

Legislación aplicable a equipos de elevación y transporte:

- RD 2291/1985 Reglamento de aparatos de elevación y manutención y sus Instrucciones Técnicas Complementarias, ITC:
  - MIE-AEM1 ascensores electromecánicos
  - MIE-AEM2 grúas torres desmontables para obra
  - MIE-AEM3 carretillas automotoras de manutención
  - MIE-AEM4 grúas móviles autopropulsadas
- RD 1215/1997 Disposiciones mínimas de seguridad y salud para la utilización de equipos de trabajo.
- RD 1435/1992 Máquinas y RD 56/1995 (modifica el anterior).

A continuación se tratan:

- Equipos para levantar cargas: elevadores, grúas, aparejos y elementos auxiliares.
- Manipulación mecánica de cargas: normas, sujeción de cargas y riesgos de la maquinaria y de su ubicación.
- Aparatos móviles de transporte: carretillas, cintas y tornillos.
- Almacenamiento de materiales sólidos.

2. Equipos para levantar cargas

Los equipos para levantar cargas deben:

- Estar diseñados siguiendo su normativa específica y construidos de manera que sean utilizados en condiciones de seguridad.
- Disponer de dispositivos de seguridad.
- Ser inspeccionados y controlados a intervalos regulares.

Consisten principalmente en:

- Elevadores: ascensores, montacargas, plataformas elevadoras,...
- Aparatos: grúas, aparejos,...
- Elementos auxiliares: cadenas, cables, ganchos, horquillas,...

2.1 Elevadores

La construcción, instalación y mantenimiento de los elevadores (ascensores, montacargas, plataformas,...) reunirá los requisitos de la Instrucción Técnica Complementaria MIE-AEM1 del Reglamento de aparatos de elevación y manutención o normativa sobre máquinas.

Todo el recorrido estará protegido y será inaccesible.

El acceso a plataformas de elevación será a través de puerta con enclavamiento eléctrico que no pueda abrirse hasta que la plataforma esté a su nivel.

Debe indicarse claramente la carga máxima a transportar y cuando se trate de montacargas, limitar su uso a personas autorizadas, evitando su empleo para traslado normal de personas.

2.1.1 Ascensores

Recomendaciones CEE para ascensores existentes a 06-1995:

- Instalar puertas en las cabinas e indicador del piso en el interior.
- Controlar y, en su caso sustituir los cables de suspensión.
- Modificar dispositivos de mando de parada con nivel de posicionamiento y desaceleración progresiva.
- Instalar mandos inteligibles y accesibles por minusválidos.
- Instalar detectores de presencia de personas en puertas de cierre accionado.
- Modificar el sistema de alarma para que exista un enlace permanente con un servicio de intervención rápida.
- Instalar en la cabina sistema de alumbrado de emergencia.

2.1.2 Grúas

Los elementos de la grúas (véase figura 1) deben tener la resistencia adecuada en función de las condiciones más desfavorables de empleo y de su carga máxima nominal.

Deben estar provistas de lastres o contrapesos fijos y no fácilmente modificables en proporción a la carga y condiciones de funcionamiento con viento. Factor de seguridad frente a vuelco ≥ 4.

El gruista debe situarse en lugar protegido desde el que vea toda la zona de operación. Si no es posible le auxiliará otro operario, comunicándose mediante un código de señales normalizado para gruistas o dispondrán de mando a distancia que garantice la seguridad de las operaciones.

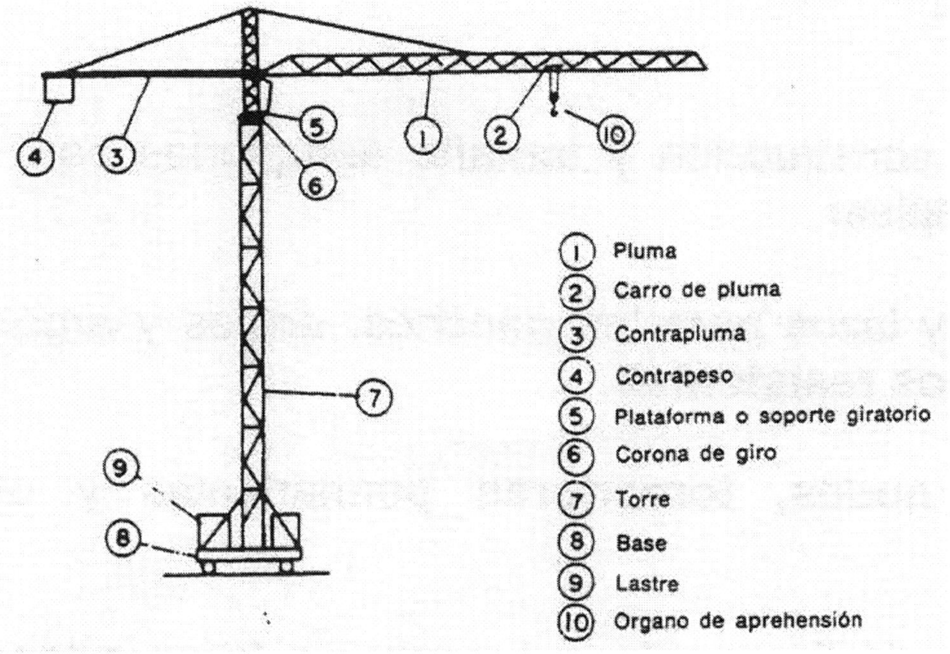

Figura 1: Grúa con sus elementos

Las Comunidades Autónomas están expidiendo carné de gruista tras las pruebas y exámenes correspondientes.

2.1.3 Aparejos

Los aparejos o polipastos son bloques de poleas (véase figura 2).

Los diámetros de poleas, tambores y rodillos serán compatibles y se adecuarán a las dimensiones de los cables o cadenas que equipen. Presentarán superficie lisa y bordes redondeados. Factor de seguridad ≥ 10.

Tambores y rodillos deben diseñarse, construirse e instalarse de forma que los cables o cadenas se enrollen sin separarse lateralmente del emplazamiento previsto.

En general son preferibles los cables de acero a los de fibra natural por su mayor resistencia a tracción y menor deterioro. Se revisarán periódicamente.

EPIs para manejar aparejos: guantes, botas de seguridad con puntera reforzada y casco protector.

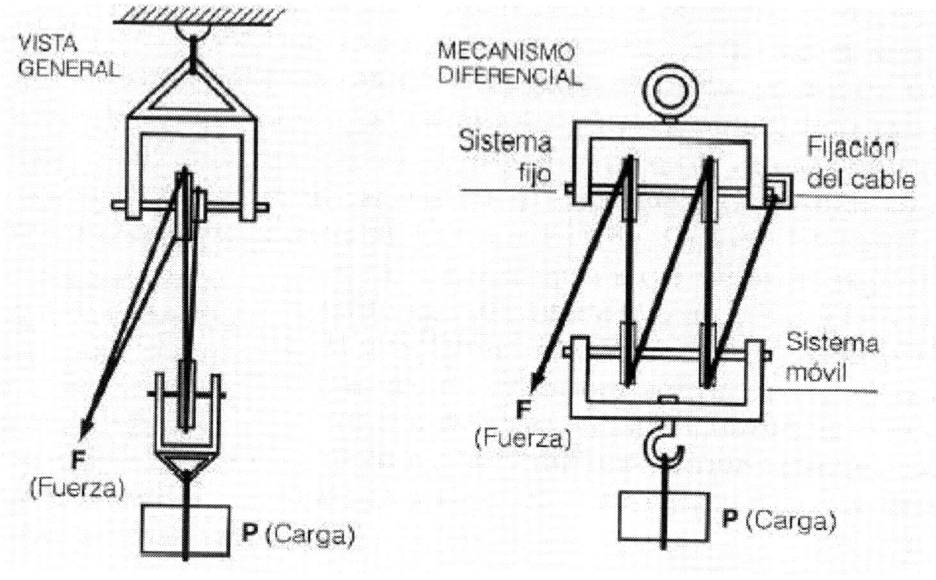

Figura 2: Aparejos

2.1.4 Elementos auxiliares

A) cables y cuerdas

Los cables serán de construcción y tamaño apropiado a su uso, sin nudos, torceduras permanentes u otros defectos.

Los ajustes de los ojales y lazos para ganchos, anillos y argollas estarán provistos de guardacabos resistentes.

Se inspeccionarán frecuentemente, sustituyéndose los que tengan un 10% de hilos rotos.

Las cuerdas no se deben deslizar sobre superficies, cantos o aristas que puedan desgastarlas o cortarlas.

Para facilitar la curvatura en elementos a transportar se usarán cantoneras.

B) cadenas

Las cadenas serán de hierro forjado o acero con factor de seguridad ≥ 5 y los anillos, ganchos o eslabones de los extremos serán del mismo material de la cadena.

Los eslabones desgastados deben ser cortados y reemplazados de inmediato. Están prohibidos los empalmes atornillados.

Las cadenas deben estar libres de nudos y torceduras y enrollarse en tambores, ejes o poleas provistos de ranuras que permitan su enrollado.

Se inspeccionarán periódicamente grietas, eslabones doblados, cortes o estrías transversales, picaduras de corrosión y alargamientos.

C) ganchos

Los ganchos deben ser de acero o hierro forjado y estar equipados con pestillos u otros dispositivos de seguridad para evitar que las cargas puedan desprenderse (véase figura 3).

Las partes en contacto con cadenas, cables o cuerdas serán redondeadas.

La inspección debe contemplar la medición de la distancia entre el vástago y el punto más cercano del extremo abierto, si supera el 15% del nominal, el gancho debe reemplazarse.

Figura 3: Gancho con pestillo

La elevación o descenso de las cargas se hará lentamente evitando toda arrancada o parada brusca, haciéndolo siempre que sea posible en sentido vertical para evitar el balanceo.

Se evitará trasladar la carga por encima de personas y puestos de trabajo. Especiales precauciones se tomarán con cargas peligrosas como metal fundido u objetos sujetos con electroimanes.

Nunca se dejarán los aparatos de izar con cargas suspendidas.

Está prohibido el transportar personas sobre cargas, ganchos o eslingas vacías o que éstas permanezcan debajo de cargas izadas.

Los maquinistas se situarán de forma que puedan controlar tanto la zona de carga como la de descarga, caso contrario deberán actuar junto a una persona que mediante código de señales les ayuden a efectuar los trabajos (Señalización gestual en RD 485/1997).

Las normas generales a seguir para el buen desarrollo de un transporte interior deberán hacerse en la previsión de que las zonas de circulación de materiales y personas queden claramente delimitadas y en lo posible separadas (véase figura 4). Dichas zonas deben estar siempre libres de obstáculos y bien iluminadas. Su anchura será acorde a las dimensiones de las cargas y de los medios de transporte.

Figura 4: Cargas

3.1 Sujeción de cargas: eslingado

La sujeción segura de las cargas mediante eslingas o amarres para elevación (estrobos en argot marinero) está determinada principalmente por los siguientes factores:

1. Tipo de acoplamientos terminales (véase figura 5).
2. Número de ramales de la eslinga.
3. Características de la atadura.

Se deben emplear cables o cadenas y acoplamiento de resistencia adecuada a la carga. Factores de seguridad: Mínimo ≥ 5; Situaciones de riesgo para personas ≥ 8.

Inspecciones y mantenimiento regulares.

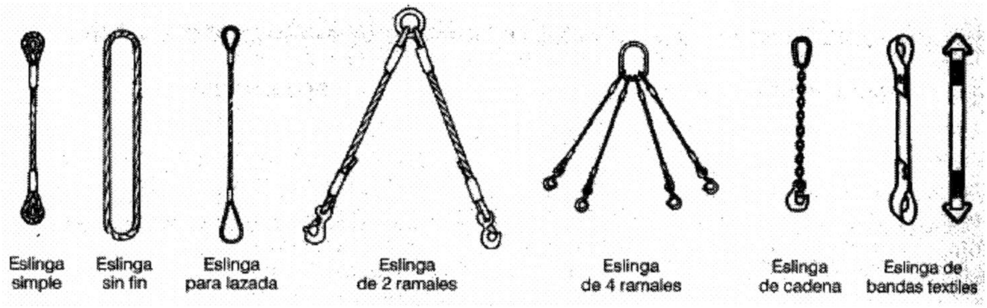

<u>**Figura 5: Tipos de eslinga**</u>

Los ángulos que forma la eslinga con la carga son muy importantes por las tensiones que se producen en función de los mismos, que disminuyen su límite de carga nominal (véase figura 6).

Es recomendable que dicho ángulo no sea superior a 45°; para asegurarlo se emplearán elementos metálicos que actuarán como separadores entre los puntos de sujeción de la carga, logrando además que éstos últimos no se desplacen mientras se realiza el transporte, y la carga se mantenga estable.

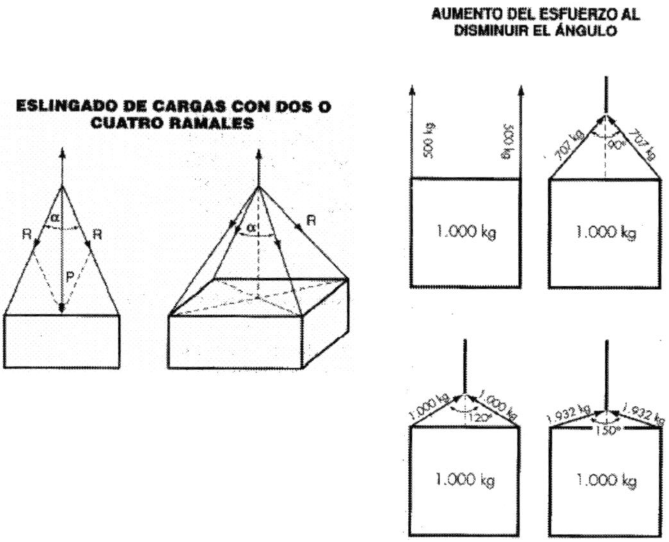

ÁNGULO ENTRE RAMALES (α, CARGA)	COEFICIENTE $\frac{1}{\cos \alpha/2}$
0°	1,00
40°	1,06
50°	1,10
60°	1,16
70°	1,22
80°	1,31
90°	1,42
100°	1,56
110°	1,75
120°	2,00
130°	2,37
140°	2,93
150°	3,86
160°	5,76

<u>**Figura 6: Ángulos entre ramales y sobrecarga en función del ángulo**</u>

3.2 Riesgos inherentes a la maquinaria y a sus elementos

El factor de riesgo más frecuente que comporta una máquina de este tipo es el mal funcionamiento de alguno de sus elementos, lo cual puede originar una rotura con la posibilidad de unas consecuencias graves, ya sea por caída de objetos, caída de altura, golpes o atrapamientos.

Instrucciones básicas para controlar estos riesgos :

- Utilizar máquinas y elementos en buen estado y adecuados a la función a realizar.
- Revisiones periódicas de todos los elementos.
- Comprobación previa al inicio del funcionamiento de la máquina.

Estas instrucciones también deben ser aplicadas a los utillajes complementarios, tales como cuerdas, cables, cadenas, etc. y que son los elementos de unión entre la máquina y la carga.

3.3 Riesgos derivados de la ubicación de la máquina

De la ubicación de las máquinas y las condiciones que concurran en los emplazamientos de las mismas se pueden derivar riesgos que podrían ser catastróficos.

Los riesgos tienen su origen muchas veces en una deficiente fijación a las superficies de base o de sustentación, proximidad a líneas eléctricas y accesibilidad a personas ajenas.

Los orígenes nos dan las medidas a tomar: fijación segura al terreno y al lugar establecido, utilización de tirantes en caso de ser necesario manteniendo todo ello alejado de las líneas en tensión. El radio de acción del aparato de elevación debe quedar delimitado e inaccesible a personas ajenas a los trabajos que allí se realizan.

4. Aparatos móviles de transporte

El RD 1215/97, de 18 de julio, por el que se establecen las disposiciones mínimas de seguridad y salud para la utilización por los trabajadores de los equipos de trabajo, enuncia las condiciones mínimas de seguridad y de utilización aplicables a los aparatos móviles de transporte.

Entre éstos podemos destacar:

- Carretilla elevadora.
- Cinta transportadora.
- Transportadores de tornillo.

4.1 Carretilla elevadora

La carretilla elevadora es un aparato autónomo de tracción motorizada apto para llevar carga en voladizo. Consta de un chasis rígido, un mástil vertical para el desplazamiento de las horquillas de sujeción, una placa porta-horquillas y un motor eléctrico o de combustión. En la figura 7 se muestran varios tipos de carretillas elevadoras y el detalle de los elementos más característicos.

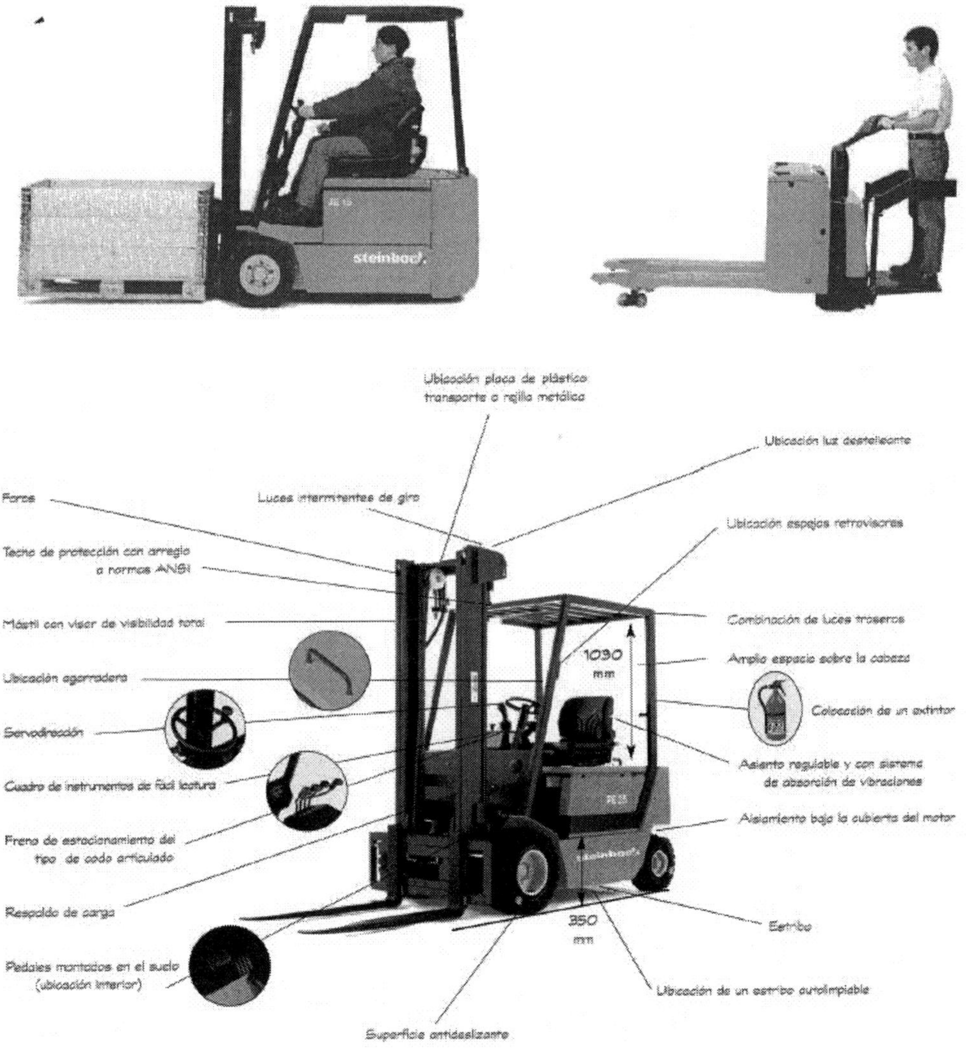

Figura 7: Carretillas elevadoras y componentes característicos

4.1.1 Clasificación

POR SU MODO DE ACCIONAMIENTO:
- Transportadoras
- Tractoras
- De empuje
- Elevadoras
    - Apiladoras
    - No apiladoras
    - Puesto de conducción elevable

POR SU MODO DE CONDUCCIÓN:
- Conductor sentado
- Conductor a pie
- Conductor de pie

POR SU FUENTE DE ENERGÍA:
- Térmicas
- Eléctricas

4.1.2 Dispositivos de seguridad

Dispositivos de seguridad principales:
- Pórtico de seguridad, elemento resistente que protege al conductor de la caída de objetos o cargas
- Placa porta horquillas: Elemento rígido situado en el mástil que amplia la superficie de apoyo de las cargas, impidiendo que puedan caer sobre el conductor
- Frenos de pie y mano eficientes
- Avisador acústico
- Asiento del operador ergonómico y con buena visibilidad
- Protector del tubo de escape y silencioso con apaga chispas y purificador de gases.

4.1.3 Instrucciones de utilización

El conductor debe haber superado una serie de pruebas de capacitación físicas y técnicas y ser consciente de la responsabilidad que conlleva su conducción.

Al iniciar y acabar la jornada comprobar el buen estado y funcionamiento de neumáticos, aceite, frenos, embrague, luces, sistema de inclinación y elevación de horquillas, así como batería en eléctricas y agua, combustible y anticongelante en las térmicas.

La carga se levantará hacia delante para que la horquilla se deslice por debajo de la misma.

El centro de gravedad del conjunto debe quedar lo más bajo posible, las cargas se trasladarán con las horquillas bajas.

Nunca circulará o se dejará aparcada con las horquillas levantadas.

La carga se transportará de forma que no resbale, cuelgue o pueda caer, mediante elementos auxiliares adecuados.

Evitar en lo posible la marcha atrás, aunque para el descenso de pendientes con carga es imprescindible, para evitar la inestabilidad y el posible vuelco. La marcha atrás, es causa frecuente de atrapamiento de personas entre la carretilla y algún elemento fijo.

Trasladar bien sujetas con bandas, abrazaderas o cadenas los distintos tipos de cargas. Los materiales sueltos irán en el interior de contenedores.

Trasladar cargas despacio, evitando los movimientos bruscos y respetando las normas de circulación. Velocidad máxima: 20 km/h (carretillas y demás vehículos en su zona de circulación).

Las carretillas mientras no circulen estarán aparcadas en un lugar destinado a tal fin.

4.1.4 Riesgos y medidas preventivas

Caídas de cargas y objetos:

- Carga estable y sujeta correctamente.
- Pórtico protector del conductor.
- Utilización de contenedores bien adaptados.

Caída, basculamiento o vuelco de la carretilla:

- Superficies de circulación en perfecto estado.
- Respetar límites de carga y asegurar su estabilidad.
- Circular lentamente respetando las normas de circulación.
- Mover las cargas lentamente en cada fase de carga, transporte y descarga.

Choques con elementos diversos:

- Circuitos de circulación marcados y de anchura suficiente.
- Limitación de velocidad.
- Adiestramiento del conductor.

4.2 Cintas transportadoras

Las cintas transportadoras son elementos auxiliares de las instalaciones, cuya misión es transportar productos sólidos a granel o bien recipientes de forma continua durante un tiempo. Pueden ser fijas o móviles (provistas de ruedas u otro sistema para cambiar de ubicación).

Están constituidas por una banda sin fin flexible que se desplaza sobre unos rodillos de giro libre por la acción de arrastre que le transmite uno de los tambores externos, véase figura 8.

La utilización de cintas transportadoras conlleva una serie de riesgos específicos de los que destacamos:

- Atrapamientos, especialmente en los tambores.
- Caídas de altura en los accesos sin proteger.
- Caídas de materiales.
- Inhalación de polvo.

4.2.1 Medidas de seguridad

Protección de las partes móviles tanto transmisiones como bandas y los tambores de cola y de cabeza, véase figura 9.

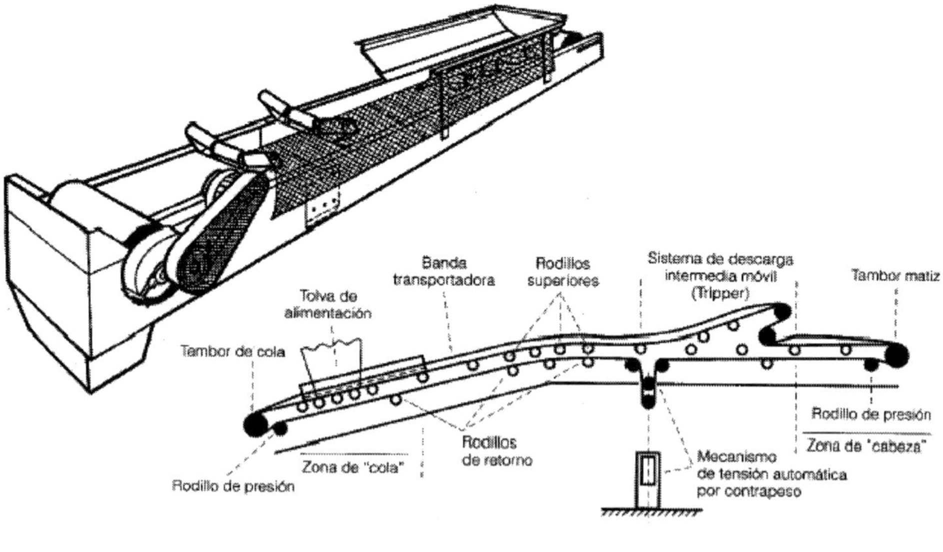

Figura 8: Cintas transportadoras

Figura 9: Medidas de seguridad en protecciones y pasos (antes y después)

Las caídas de altura se evitan instalando pasarelas en todos los puntos elevados de la cinta de posible acceso; las caídas de materiales instalando encauzadores y carenando totalmente los tramos aéreos, especialmente las zonas inferiores de paso de personas.

Paros de emergencia no excesivamente distanciados que corten la alimentación. Su accionamiento debe estar enclavado con los elementos anterior y posterior de la cinta. La puesta en marcha debe requerir el desbloqueo desde el cuadro eléctrico en que se disparó el paro de emergencia.

El polvo se puede evitar carenando la zona de recepción y vertido e instalando un sistema de extracción localizada.

4.3 Transportadores de tornillo

Los transportadores de tornillo consisten generalmente en una hélice de paso ancho y de longitud limitada. Al girar el tornillo, el material es arrastrado hacia adelante en la artesa (véase figura 10).

Los riesgos principales son los atrapamientos de pies y manos por la accesibilidad al tornillo. Por ello las artesas deberán estar totalmente cubiertas, distanciadas para asegurar la inaccesibilidad al punto de peligro en las zonas de carga y descarga. Para los trabajos de inspección y limpieza las cubiertas llevarán charnelas o constarán de secciones separables interconectadas, de forma que cuando se quite una, se pare el tornillo. Las secciones que no necesiten abrirse pueden tener las cubiertas fijas.

Deben disponer de botones de paro de emergencia análogos a los explicados para las cintas transportadoras.

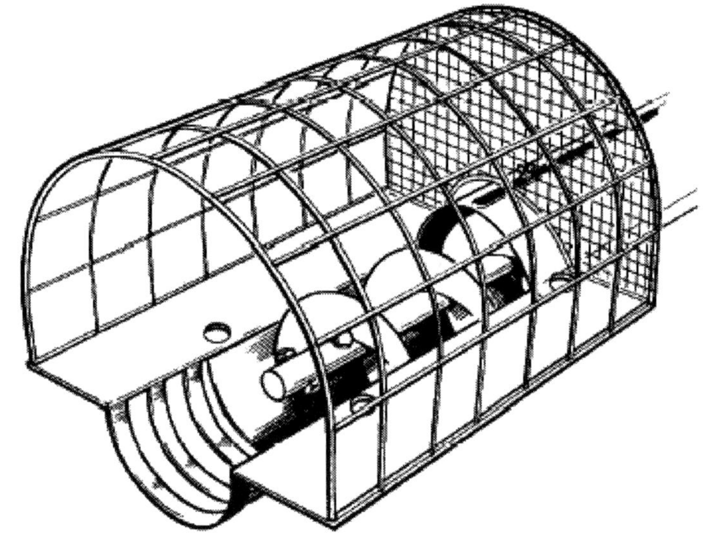

Figura 10: Transportador de tornillo

5. Almacenamiento de materiales

Aunque el almacenamiento es un tema amplio, se exponen algunos aspectos básicos para prevenir sus riesgos. No se trata el almacenamiento de productos químicos peligrosos.

El correcto almacenamiento de materiales, puede contribuir de forma muy eficaz a la prevención de accidentes.

Los riesgos que existen en los almacenamientos de materiales son diversos pudiendo establecer como más importantes:

- Caída de materiales.
- Choques contra objetos.

- Desplomes o derrumbamientos.
- Incendio, aunque no depende de las condiciones de almacenamiento, se deben considerar las medidas para evitarlo y para hacerle frente.

La primera circunstancia a tener en cuenta en los almacenamientos es si son interiores o exteriores.

5.1 Medidas de seguridad generales

Los pasillos deberán ser en lo posible rectos y que conduzcan directamente hacia las salidas, con el menor número de cruces posibles.

Los cruces estarán situados en las zonas de mayor visibilidad e iluminación.

Deberá comprobarse el fácil acceso a los extintores de incendio, válvulas, interruptores, cajas de fusibles, señales de advertencia, tomas de agua, equipos de primeros auxilios, etc.

Las salidas para el personal no deberán estar obstruidas por materiales almacenados.

Si los materiales son tóxicos, corrosivos, inflamables, explosivos, polvorientos o de mal olor, se deberá advertir y proteger al personal expuesto (el almacenamiento de productos químicos peligrosos no se trata).

5.2 Almacenamiento en el interior de edificios

Cuando se almacenen materiales pesados en el interior de edificios se debe recordar que, generalmente, los pisos bajos son más resistentes que los altos y que la superficie del suelo situada junto a las paredes exteriores del edificio y alrededor de los pilares de sustentación son las zonas más adecuadas para soportar cargas.

Los materiales nunca deberán ser apilados a una altura tal que bloqueen elementos de protección contra incendios o señalización: extintores, bocas de incendio equipadas, luces de emergencia, etc.

En suelos inclinados o combados, las cargas deberán ser bloqueadas apropiadamente para evitar vuelcos.

5.3 Almacenamiento en el exterior

Escoger un pavimento plano y un suelo firme.

Tener en cuenta el viento, la exposición al fuego y el desagüe para evitar la formación de hielo.

En apilados por tiempo largo, emplearse piezas de soporte y estibado. El material puede deteriorarse y perder sus características y geometría (véase figura 11).

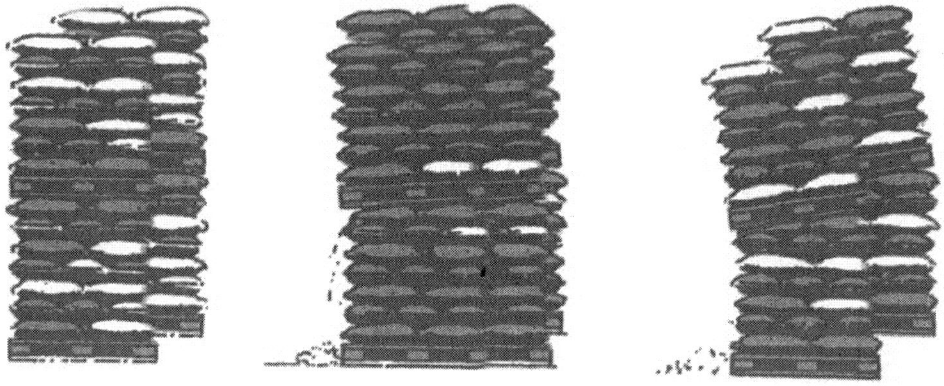

Figura 11: Apilado por largo tiempo con cambio de características y geometría

5.4 Almacenamiento por estibación

Los materiales se colocan unos sobre otros directamente o sobre superficies resistentes (palés), formando bloques piramidales o estibas.

Sólo existe normativa municipal. En concreto, las Ordenanzas Municipales de Prevención de Riesgos del Ayuntamiento de Madrid establecen las limitaciones dimensionales recogidas en la tabla 1.

	Locales cerrados no exclusivos	Edificios cerrados y exclusivos	Zonas Abiertas
Planta máxima	$\leq$ 3 x 3 m	$\leq$ 3 x 10 m	$\leq 250\ m^2$
Altura máxima	$\leq$ 2/3 altura del local y $\leq$ 3 m	$\leq$ 2/3 altura del local y $\leq$ 5 m	$\leq$ 7 m
Separaciones y Pasos	anchura $\geq$ 1,5 m	anchura $\geq$ 1,5 m	anchu. $\geq$ altura estibas

Tabla 1: Limitaciones dimensionales para estibas del Ayuntamiento de Madrid

5.5 Almacenamiento en estanterías

Las distintas cargas se sitúan en estanterías o estructuras de altura variable, utilizando equipos de manutención manual o mecánica (véase figura 12).

Requisitos de las estanterías:

- Metálicas, diseñadas para soportar un peso 1,5 veces superior, ancladas al suelo y al techo y con toma de tierra.
- Espacio mínimo de 1m. libre de todo género hasta el techo o nivel de arranque de armadura.
- Fondo máximo 2 m. cuando se encuentre exenta y 1 m. si es adosada a la pared.
- Se admiten estanterías de madera en zonas de uso público en planta $\leq 250\ m^2$ a efectos decorativos, pero no en trastiendas ni sótanos donde, independientemente de su uso, serán metálicas.

Figura 12: Almacenamiento en estanterías

5.6 Apilado de materiales

Los apilados de materiales se pueden realizar de diferentes formas en función del tipo de material a apilar. A continuación se dan instrucciones generales, útiles en función del material apilable.

5.6.1 Productos a granel

El peligro más importante al almacenar productos a granel como granos, arena, carbón, etc. es el quedar enterrados.

Donde exista peligro de caídas en pilas profundas se deberá emplear cinturón de seguridad.

Muchos materiales pulverulentos son explosivos cuando quedan en suspensión en el aire, debiéndose eliminar de la zona cualquier fuente de ignición.

Se empleará el equipo de protección adecuado cuando se trabaje en las proximidades de materiales tóxicos.

5.6.2 Cajas

Todas las filas de cajas se han de colocar perfectamente a nivel.

Cuando se apilen varias cajas, se deben colocar de modo que no coincidan los cuatro ángulos de una caja con los de la inferior.

Si es posible, conviene disponerlas de tal modo que cada caja repose sobre la cuarta parte de la situada debajo.

Las cajas de cartón se deberán apilar en plataformas protegidas de la humedad. Así se evita el derrumbe.

5.6.3 Fardos

Los fardos muy rellenos pueden ser apilados y almacenados del mismo modo que las cajas (véase figura 13).

Los fardos flojos, deben ser apilados y asegurados con piezas de madera (estibado).

5.6.4 Bidones

Los bidones se deben apilar de pie con el tapón hacia arriba.

Antes de comenzar la segunda fila se extienden sobre la primera unas tablas de madera para que sirvan de protección y soporte y así sucesivamente.

Los bidones de capacidad $\geq$ 200 litros se almacenan con palés o estructuras metálicas en horizontal, sin apoyarse unos en otros.

5.6.5 Productos en sacos

Se inspeccionará cuidadosamente el espacio previsto para el almacenamiento para ver si existen clavos, cantos vivos, etc., que puedan perforar o desgarrar los sacos.

Los productos ensacados se almacenan en pilas de capas atravesadas. Las bocas de los sacos estarán dirigidas hacia el interior de la pila.

5.6.6 Tubos y barras

Hay que evitar manejar los tubos de fundición con brusquedad ya que pueden romperse.

El almacenamiento de barras debe efectuarse en capas, y con bandas de madera o de metal interpuestas entre ellas y bloqueadas para evitar rodamientos y deslizamientos (véase figura 14).

Perfiles y planchas de peso considerable deben almacenarse en estanterías con rodillos e inclinadas hacia dentro.

Las barras ligeras pueden ser almacenadas verticalmente en bastidores especiales.

5.6.7 Garrafas, botellas o material de vidrio

No deberán ser apiladas unas encima de otras, sino en bastidores apropiados o en un compartimento especial.

Figura 13: Apilado de cilindros

Figura 14: Apilado de barras

TEMA 8 – RIESGO ELÉCTRICO

1. Electricidad: conceptos básicos

Los accidentes eléctricos, aunque no son muy numerosos, dan lugar en la mayoría de los casos a lesiones graves o mortales.

Actualmente sería impensable vivir sin electricidad. La energía eléctrica está presente en nuestro trabajo, en nuestras casas y en casi todas las actividades cotidianas.

La energía eléctrica es limpia y precisamente esta ventaja es al mismo tiempo un inconveniente para protegernos de sus peligros, ya que la electricidad no se ve, ni se oye, ni se huele. Es preciso conocer cómo es la corriente eléctrica y cuáles son los medios para protegernos, ya que utilizando adecuadamente los sistemas de seguridad, los accidentes eléctricos pueden disminuir considerablemente.

La Corriente eléctrica que pasa por un conductor no es más que el movimiento de electrones a través del mismo. Esto es lo que llamamos **Intensidad de corriente, I**, medida en Amperio, A.

Para que exista movimiento de electrones en un conductor tiene que haber una **diferencia de potencial** entre dos puntos o tensión, **V**, medida en voltio V.

El conductor ejercerá una resistencia al paso de los electrones en función del material, sección del conductor, etc. A esa mayor o menor resistencia al paso de la corriente se le denomina **resistencia** del conductor, **R**, medida en Ohmio, Ω.

Ley de Ohm: **$I = V / R$** La intensidad de la corriente eléctrica es directamente proporcional a la tensión e inversamente proporcional a la resistencia del conductor.

Ley de Joule: **$Q = 0{,}24 \times V \times I \times t$**
donde: Q - energía (calorías)
t - tiempo (s)

Si la corriente es continua no cambia de sentido, es decir, que un polo es siempre positivo y el otro negativo.

La corriente eléctrica doméstica es corriente alterna de baja frecuencia (50 Hz). La **frecuencia** de la corriente se define como el número de ciclos o de veces que cambia de sentido o de polaridad y se mide en Hertzios, Hz.

Para que en un circuito eléctrico exista circulación de corriente eléctrica, éste debe estar cerrado.

2. Efectos nocivos de la electricidad

Los efectos nocivos de la electricidad pueden ser:

- Incendios y explosiones que afectan a personas, instalaciones y bienes.

- Electrización y electrocución que afectan a las personas. Los efectos en las personas se pueden clasificar en tres tipos:
  A. Efectos fisiológicos directos.
  B. Efectos fisiológicos indirectos.
  C. Efectos secundarios.

2.1 Incendios y explosiones

Los incendios suelen producirse por sobrecargas en la instalación, chispas o cortocircuito. Al circular una corriente eléctrica por un conductor, éste se calienta. Si el conductor no tiene una sección lo suficientemente grande en función de la intensidad que circula, éste se calienta mucho y no es capaz de disipar la energía pudiendo llegar a inflamar los materiales contiguos.

Un cortocircuito se produce cuando dos conductores a distinto potencial se ponen en contacto produciéndose una intensidad de corriente muy alta al ser la resistencia muy baja en el contacto. Al ser esta intensidad muy alta se produce un calentamiento muy grande produciéndose un arco eléctrico, que pude dar lugar a quemaduras e incendios.

2.2 Efectos fisiológicos directos

Los efectos fisiológicos directos se refieren a las consecuencias inmediatas del choque eléctrico sobre las personas. La gravedad de estos efectos depende de la intensidad de la corriente y sus manifestaciones van desde sensaciones de hormigueo hasta la asfixia o graves alteraciones del ritmo cardíaco.

A continuación se muestran los efectos en función de la intensidad de corriente aproximada que circula por el cuerpo:

- UMBRAL DE PERCEPCIÓN (1-3 miliamperios) No existe peligro y el contacto se puede mantener sin problemas.

- ELECTRIZACIÓN (3-10 mA) Produce una sensación de hormigueo, puede provocar movimientos reflejos.

- TETANIZACIÓN (10 mA) Provoca contracciones musculares y la paralización de los músculos de las manos y de los brazos, impidiendo soltar los objetos.

- PARO RESPIRATORIO (25 mA) Si la corriente atraviesa la cabeza puede afectar al centro nervioso respiratorio.

- ASFIXIA (25-30 mA) Si la corriente atraviesa el tórax se puede producir la tetanización del diafragma, impidiendo el funcionamiento de los pulmones.

- FIBRILACIÓN VENTRICULAR (60-75mA) Si la corriente atraviesa el corazón se descontrola el ritmo cardíaco.

Notas:
- Tetanización: movimiento incontrolado de los músculos.
- Fibrilación ventricular: movimiento anárquico del corazón, que altera su ritmo y deja de enviar sangre.

2.2.1 Efectos sobre la piel

Los efectos sobre la piel en la zona de contacto, en función de la densidad de corriente y la duración de su paso, se representan en la figura 1. La resistencia de la piel decrece rápidamente cuando aumenta la corriente, siendo despreciable cuando se perfora la piel.

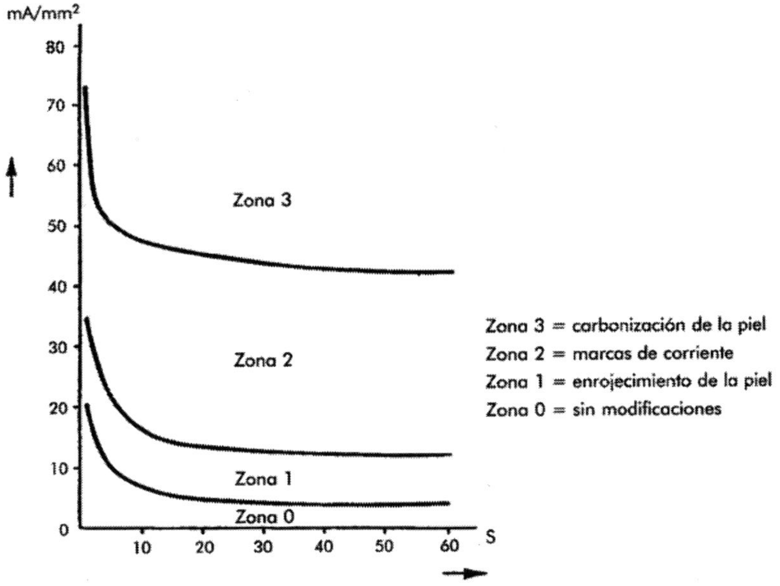

Figura 1: Efectos sobre la piel en la zona de contacto

2.2.2 Efectos de la corriente alterna y continua

El efecto de la corriente alterna y el de la corriente continua son similares, aunque existen ligeras diferencias, como se pone de manifiesto en las figuras 2 y 3, que representan el efecto de la corriente alterna y continua, respectivamente.

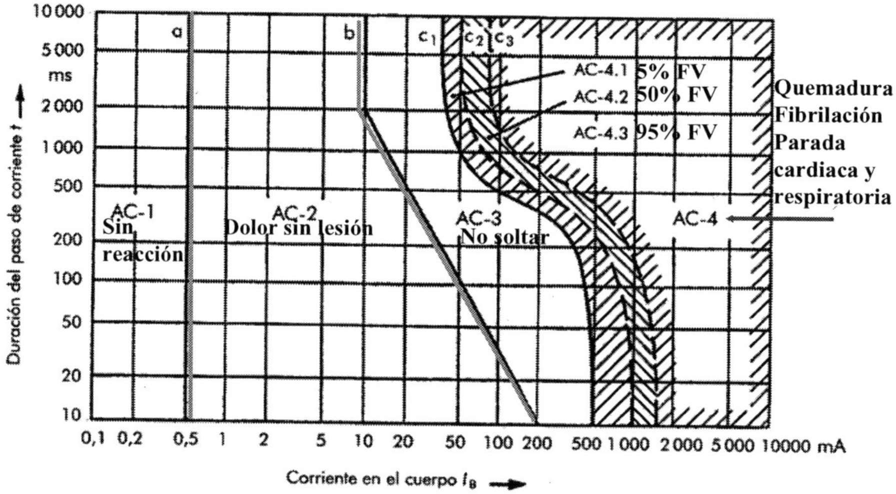

Figura 2: Efectos de la corriente alterna

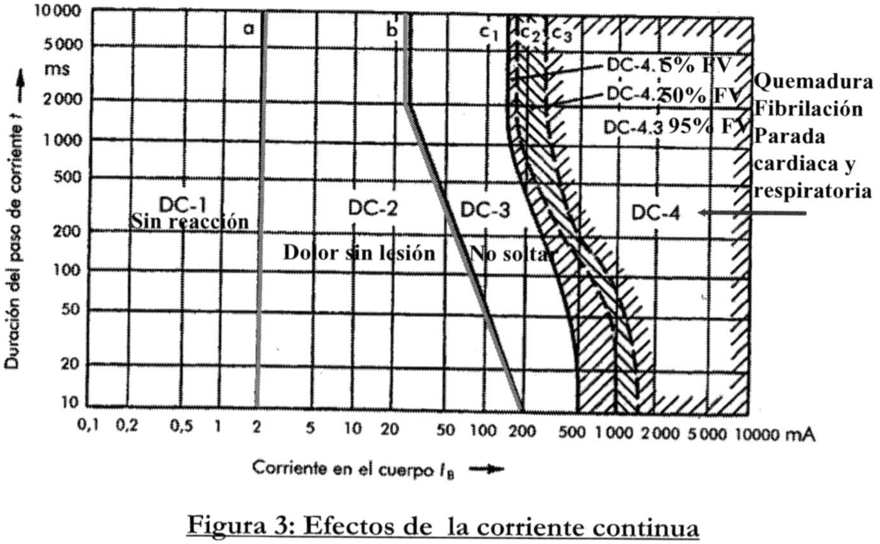

Figura 3: Efectos de la corriente continua

2.2.3 Trayecto sobre el corazón

En la tabla 1 se recoge el "factor de corriente de corazón F", por el que hay que multiplicar la intensidad de corriente para determinar su efecto sobre el corazón, en función del trayecto que sigue.

TRAYECTO DE CORRIENTE	F
Mano izquierda a pie izquierdo, a pie derecho o a los dos pies	1,0
Dos manos a dos pies	1,0
Mano izquierda a mano derecha	0,4
Mano derecha a pie izquierdo, a pie derecho o a los dos pies	0,8
Espalda a mano derecha	0,3
Espalda a mano izquierda	0,7
Pecho a mano derecha	1,3
Pecho a mano izquierda	1,5
Glúteos a mano izquierda, a mano derecha o a las dos manos	0,5

Tabla 1: Factor de corriente de corazón F

2.3 Efectos fisiológicos indirectos

Efectos fisiológicos indirectos son los que sobrevienen tras el choque eléctrico, alteran el funcionamiento del corazón o de otros órganos vitales y producen quemaduras, pudiendo ser mortales:

- TRASTORNOS CARDIOVASCULARES El choque eléctrico afecta al ritmo cardíaco produciendo taquicardia e infartos.

- QUEMADURAS INTERNAS La energía que se disipa en los músculos puede provocar la coagulación de los prótidos de los músculos e incluso la carbonización.

- QUEMADURAS EXTERNAS Se producen por la elevada temperatura del arco eléctrico (hasta 4.000 °C).

- OTROS TRASTORNOS Pueden ser de tipo renal, ocular, nervioso, auditivo, etc.

2.4 Efectos secundarios

Efectos secundarios son los debidos a los actos involuntarios de los individuos afectados por el choque eléctrico:

- Caídas de altura
- Golpes contra objetos
- Proyección de objetos, etc.

2.5 Factores que influyen en el efecto eléctrico

Los factores que influyen en el efecto eléctrico sobre las personas son, por orden de importancia:

- **Intensidad**: causa los efectos fisiológicos directos (véase apartado 2.2).

- **Duración del contacto**: cuanto mayor es, más nocivo resulta.

- **Impedancia del cuerpo**, es sobre todo resistiva y ligeramente capacitiva, depende del grado de humedad de la piel, superficie de contacto, presión de contacto, dureza de la epidermis, etc., A mayor impedancia de nuestro cuerpo, los efectos son más leves.

- **Tensión**: en sí no es peligrosa, pero a igualdad de resistencia, mayor tensión supone mayor intensidad.

- **Frecuencia**: la corriente más peligrosa es la alterna de baja frecuencia. A mayores frecuencias disminuye el riesgo de fibrilación ventricular, pero prevalecen los efectos térmicos. A alta frecuencia (> 100.000 Hz) son mas leves por el "efecto pelicular", utilizado en Medicina, la corriente circula por la piel sin penetrar en el cuerpo.

- **Corriente continua**, actúa por calentamiento y puede llegar a producir la electrólisis de la sangre con riesgo de embolia, sus efectos aparecen en períodos de exposición más largos que en la alterna. La corriente continua obtenida a partir de la alterna en un rectificador (en baños electrolíticos, por ejemplo) tiene efectos más graves que la generada directamente por una dinamo.

- **Recorrido de la corriente a través del cuerpo**, cuando en el recorrido de la corriente existe un órgano vital del cuerpo (corazón, cerebro, pulmón, etc.), es mucho más peligroso que si no afecte a ninguno de estos órganos (véase factor de corriente de corazón en tabla 1).

- **Capacidad de reacción de la persona**, dependiendo de la fortaleza y agilidad de la persona, el efecto del paso de corriente varía sensiblemente.

3. Tipos de contacto eléctrico

Los accidentes eléctricos se producen cuando la persona entra en contacto con la corriente eléctrica. Este contacto puede ser de dos tipos (véase figura 4):

- **Directo**, con partes activas de la instalación o equipo. Partes activas son los conductores y piezas bajo tensión en servicio normal.

- **Indirecto**, con masas puestas accidentalmente en tensión, cuanto menor sea el contacto de las masas con el suelo, mayor será el paso de la corriente por la persona. Masa es el conjunto de partes metálicas de un aparato o instalación que, en condiciones normales, están aisladas de las partes activas.

En el contacto indirecto tan sólo una parte de la corriente de defecto circula por el cuerpo humano, el resto circula por los contactos con tierra de las masas.

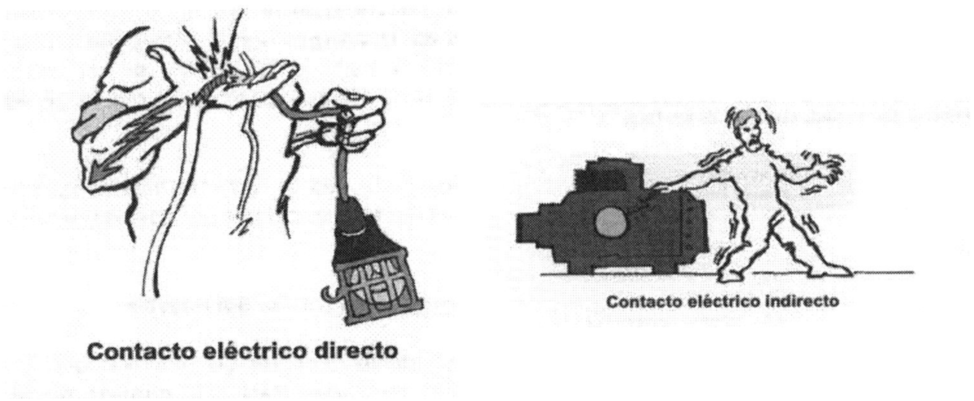

Figura 4: Tipos de contacto eléctrico: directo e indirecto

4. Sistemas de protección

El Reglamento Electrotécnico de Baja Tensión RD 842/2002 y sus Instrucciones Técnicas Complementarias hace referencia a los distintos sistemas de protección tanto para contactos directos como para contactos indirectos.

4.1 Protección contra contactos directos

Alejamiento de las partes activas de la instalación a una distancia no peligrosa.

Interposición de obstáculos que impidan el contacto accidental.

Recubrimiento de las partes activas con aislamiento apropiado, que limite la corriente a 1 mA considerando la resistencia del cuerpo humano 2.500 Ω.

Interruptores diferenciales, como medida complementaria.

4.2 Protección contra contactos indirectos

PASIVOS (clase A): Evitan la aparición de una tensión de defecto o limitan su intensidad:

- Separación de circuitos (transformadores de seguridad).
- Doble aislamiento, sin puesta a tierra de masas, utilizados en herramientas manuales y cuadros eléctricos.
- Pequeñas tensiones de seguridad (24 V en húmedo ó 50 V en seco).
- Conexiones equipotenciales de masas, incluyendo estructuras, etc.
- Otros: Inaccesibilidad simultánea de elementos conductores y masas o recubrimiento de masas con aislamiento de protección.

ACTIVOS (clase B): Evitan la permanencia de una tensión de defecto:

- Puesta a tierra de las masas.
- Dispositivos de corte por intensidad de defecto (diferenciales).
- Interruptores magnetotérmicos, cortan por sobreintensidad.
- Dispositivos de corte por tensión de defecto en masas.

4.3 Interruptor magnetotérmico

El interruptor magnetotérmico corta por dos efectos:

- Térmico: lámina bimetálica que se curva por efecto Joule.
- Magnético: movimiento de un núcleo de hierro dentro del campo magnético de una bobina, proporcional a la intensidad de corriente.

En la figura 5 se representa el interruptor magnetotérmico y su modo de funcionamiento.

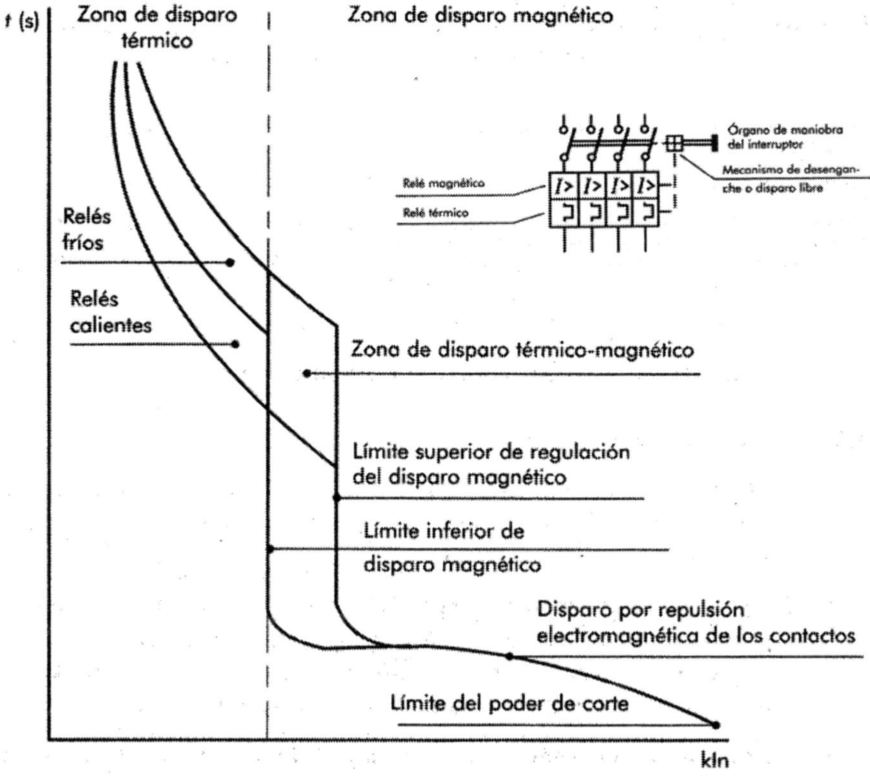

<u>**Figura 5: Interruptor magnetotérmico**</u>

<u>4.4 Diferencial</u>

El interruptor diferencial (véase figura 6) corta por efecto del anillo magnético de una bobina, proporcional a la diferencia de intensidad de corriente entre dos o más conductores.

Tipos de diferencial:

- Baja sensibilidad, corriente de fuga 300 mA
- Alta sensibilidad, corriente de fuga 30 mA

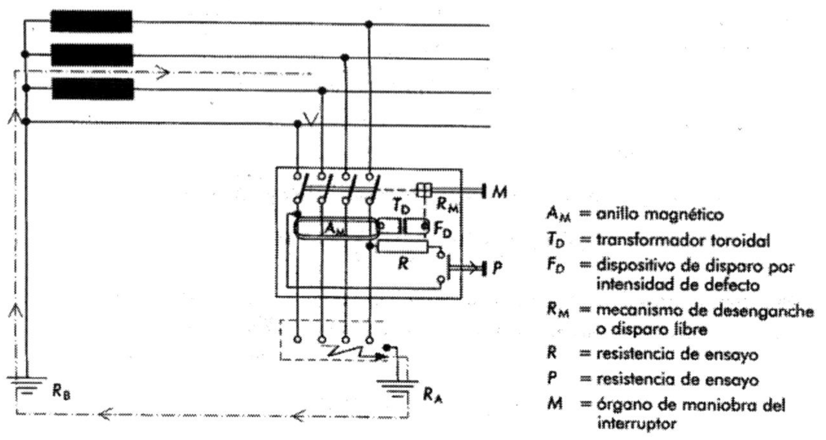

Figura 6: Diferencial

5. Trabajos eléctricos

5.1 Las 5 Reglas de Oro

LAS 5 REGLAS DE ORO para trabajar en instalaciones eléctricas	Baja Tensión < 1.000 V	Alta Tensión > 1.000 V
Abrir, con corte visible todas las fuentes de tensión	Obligatorio	Obligatorio
Enclavamiento o bloqueo, si es posible, de los aparatos de corte	Obligatorio, si es posible	Obligatorio, si es posible
Reconocimiento de la ausencia de tensión	Obligatorio	Obligatorio
Poner a tierra y en cortocircuito, todas las posibles fuentes de tensión	Recomendable	Obligatorio
Delimitar la zona de trabajo mediante señalización o pantallas aislantes	Recomendable	Obligatorio

5.2 Medidas preventivas

1. Antes de iniciar cualquier trabajo en baja tensión, se considerará que todos los cables conductores llevan corriente eléctrica, por lo que se comprobará previamente, mediante un verificador, la ausencia de tensión.

2. No se deben realizar trabajos en instalaciones eléctricas de ningún tipo, si no se tiene la formación y autorización necesarias para ello.

3. Aumentar la resistencia del cuerpo al paso de la corriente eléctrica mediante la utilización de los EPIs adecuados, como guantes dieléctricos, casco, calzado aislante con suela de goma, etc.

4. Evitar la utilización de aparatos o equipos eléctricos en caso de lluvia o humedad cuando: los cables u otro material eléctrico atraviesen charcos, los pies pisen agua o alguna parte del cuerpo esté mojada (véase figura 7).

5. En ambientes húmedos, hay que asegurarse de que todos los elementos de la instalación responden a las condiciones de utilización prescritas para estos casos.

6. Debe evitarse realizar reparaciones provisionales. Los cables dañados hay que reemplazarlos por otros nuevos. Los cables y enchufes eléctricos se deben revisar, de forma periódica, y sustituir los que se encuentren en mal estado.

7. Toda máquina portátil eléctrica deberá disponer de un sistema de protección. El más usual es el doble aislamiento.

8. Las herramientas manuales deben estar: convenientemente protegidas frente al contacto eléctrico y libres de grasas, aceites y otras sustancias deslizantes.

9. No deben instalarse adaptadores ("ladrones") en las bases de toma de corriente, ya que existe el riesgo de sobrecargar excesivamente la instalación; ni deben utilizarse cables dañados, clavijas de enchufe resquebrajadas o aparatos cuya carcasa tenga desperfectos.

10. Los cables eléctricos deben protegerse mediante canalizaciones de caucho duro o plástico, cuando estén depositados sobre el suelo en zonas de tránsito o de trabajo.

11. Todas las instalaciones deben mantenerse en buen estado y ser revisadas periódicamente.

12. Los sistemas de seguridad de las instalaciones eléctricas no deben ser manipulados bajo ningún concepto, puesto que su función de protección queda anulada.

13. Sólo se restablecerá el servicio de una instalación eléctrica cuando se tenga la completa seguridad de que no queda nadie trabajando en ella y no existe peligro alguno.

Figura 7: Trabajos eléctricos

5.3 Equipos de protección individual

Equipos de protección individual para realizar trabajos eléctricos:

- Casco aislante
- Protección ocular
- Calzado aislante
- Alfombras aislantes
- Guantes dieléctricos
- Ropa de trabajo ignífuga
- Comprobadores de tensión
- Herramientas aislantes
- Material de señalización

6. Siniestralidad y socorro

6.1 Siniestralidad causada por la electricidad

Los accidentes eléctricos son pocos, pero graves: no llegan al 1% del total, pero suponen el 8% de los mortales. Causas:

- Contacto directo 34,5 %
- Contacto indirecto 17,5 %
- Arco eléctrico 48,0 %

Accidentes causados por defectos de la instalación:

- Inexistencia de puesta a tierra 15,4 %
- Cable de tierra seccionado o no conectado 28,8 %

- Inexistencia de diferenciales 3,8 %
- Fallo del diferencial 23,1 %
- Aislamiento defectuoso 1,9 %
- Sistema de protección contra contactos directos no adecuado 26,9 %

Accidentes causados por operaciones sobre la instalación:

- Sabía que existía tensión 26,8 %
- No sabía que existía tensión 9,9 %
- Desconocía las características de la instalación 8,6 %
- Uso de herramientas no aisladas 11,9 %
- Manipulación incorrecta 20,0 %
- Otros: reposición de fusibles, instalación de dispositivos,… 22,8 %

6.2 Socorro a una persona electrizada

Para socorrer a una persona electrizada, lo primero es cortar la corriente sin tocarla. Si no puede cortarse de inmediato, tratar de "desengancharla" con la ayuda de un objeto aislante: palo, silla de madera,...

Nunca tocar al electrizado sin cortar la corriente o "desengancharlo".

Si se trata de alta tensión, no tocar ni aproximarse al electrizado, avisar al técnico o a emergencias.

Tener en cuenta que al cesar el paso de corriente es probable que el cuerpo se mueva, caiga si está en alto, etc.

Aplicar técnicas de reanimación.

7. Legislación aplicable

RD 614/2001 disposiciones mínimas para la protección de la salud y seguridad de los trabajadores frente al riesgo eléctrico.

RD 842/2002 Reglamento Electrotécnico de Baja Tensión y sus Instrucciones Técnicas Complementarias.

Decreto 3151/1968 Reglamento de Líneas aéreas de alta tensión.

RD 3275/1982 Reglamento sobre condiciones técnicas y garantías de seguridad en centrales eléctricas, subestaciones y centros de transformación.

Orden de 6 de julio de 1984. Aprueba las Instrucciones Técnicas Complementarias MIE-RAT de Reglamento sobre condiciones técnicas y garantías de seguridad en centrales eléctricas, subestaciones y centros de transformación.

TEMA 9 – RIESGO DE INCENDIO

1. Introducción

El riesgo de incendio está presente en cualquier tipo de actividad. Es preciso conocer cómo se origina un fuego, los diferentes tipos de fuegos, cómo funciona la combustión, cómo se propaga y cómo se puede extinguir y controlar, así como cuál ha de ser el comportamiento ante este riesgo.

Consecuencias del incendio:

- Lesiones personales: quemaduras, asfixia, desorientación (por los humos), intoxicación, pánico.
- Daños materiales.

ES MUY FÁCIL APAGAR UN FUEGO EN SU COMIENZO.

2. Química del fuego

El fuego es una reacción química de combustión que tienen lugar cuando los vapores desprendidos de un **combustible** se combinan con gran rapidez con el oxígeno del aire con desprendimiento de energía luminosa y calorífica.

La combustión es un proceso de oxidación-reducción en la que el combustible pierde electrones (reductor, se oxida) y el **comburente** los gana (oxidante, se reduce).

La **energía de activación** se precisa para iniciar el proceso y se aporta habitualmente en forma de calor.

La energía desprendida parte se disipa al ambiente y parte se utiliza para que el proceso continúe (**reacción en cadena**).

Factores del fuego son: combustible, comburente, energía y reacción en cadena, se precisa su coexistencia para iniciar y mantener un incendio.

2.1 Factores del fuego

2.1.1 Combustible

Combustible es toda sustancia capaz de arder. El hidrógeno y el carbono, presentes en todos los organismos vivos son los combustibles naturales más abundantes. Por lo tanto todos los organismos vivos o sus derivados son en mayor o menor grado buenos combustibles. Por ejemplo, un vegetal es combustible y también lo son sus derivados: la madera, la tela, el papel, el carbón, etc. Los hidrocarburos, producto de la transformación de organismos vivos durante miles de años, las grasas animales, vegetales o minerales también son buenos combustibles.

Los combustibles se clasifican en sólidos, líquidos y gaseosos.

Las características que definen el comportamiento de los combustibles son: punto de inflamación, temperatura de autoignición, límites de inflamabilidad, energía mínima de activación, relación entre calor de combustión y calor de vaporización (H/L) y tamaño.

Punto de inflamación, *de destello o flash point*: temperatura a la que un líquido empieza a desprender vapores en cantidad suficiente para mantener la combustión. Cuanto más bajo sea el punto de inflamación más peligrosa es la sustancia.

Temperatura de autoignición, *autoencendido o autoignition point*: temperatura a la cual una sustancia líquida o gaseosa empieza a arder espontáneamente, sin aporte energético.

Límites de inflamabilidad: el inferior (LII) es la mínima concentración de un gas o vapor necesaria para mantener la combustión y el superior (LSI) es la máxima concentración. Cuanto mayor sea el intervalo entre estos límites, mayor será el riesgo de incendio.

En la tabla 1 se recogen las características anteriormente citadas de algunos combustibles.

PRODUCTO	Punto de inflamación (ºC)	Temperatura de autoignición (ºC)	Límites inflamabil. (% vol. de aire)	
			LII	LSI
Acetona	-9,4	540	3	13
Acetileno	(gas)	335	2,5	90
Ácido acético	42,8	426,7	5,4	16
Alcohol etílico	14	422,8	4,3	19
Butano	(gas)	430	1,5	9
Gasolina 100 octano	-37,8	456,1	1,4	7,4

Tabla 1: Características de algunos combustibles

Energía mínima de activación, cantidad de energía que se debe aportar para iniciar la combustión.

Relación entre calor de combustión y calor de vaporización (H/L), afecta al modo en que un combustible líquido o sólido contribuye al fuego. Para que el fuego se propague esta relación debe ser, al menos, la unidad, excepto que haya otra fuente de energía. A igualdad del calor de combustión, cuanto mayor sea la relación H/L, mayores serán la velocidad de combustión y el tamaño de las llamas. En la tabla 2 se dan las relaciones H/L de algunos materiales combustibles.

Material	**H/L**
Madera de roble rojo	2,96
Espuma rígida de poliuretano	6,5 – 8,4
Cloruro de polivinilo (PVC) granular	6,66
Nylon granular	13,10
Resina epoxi reforzada con fibra de vidrio	13,38
Polimetacrilato de metilo (PMMA) granular	15,46
Metanol (líquido)	16,50
Polipropileno (PP) granular	21,37
Poliestireno (PS) granular	23,04
Polietileno (PE) granular	24,84
Estireno (líquido)	63,30
Heptano (líquido)	92,83

Tabla 2. Relaciones H/L de algunos materiales

Tamaño, cuanto más finamente dividido esté el combustible menos energía se necesita para alcanzar la temperatura de ignición. Por ejemplo, la harina, al estar finamente pulverizada, puede arder violentamente originando explosiones.

2.1.2 Comburente

Para que un combustible pueda arder necesita un comburente, esto es, un medio donde pueda quemarse. Una cerilla no se enciende dentro del agua. El comburente más común es el oxígeno que está presente en el aire (21% en volumen).

La concentración de oxígeno afecta a la combustión, en una atmósfera de oxígeno puro se consigue hacer arder el hierro. Cerca de depósitos o botellas de oxígeno, en caso de fugas, la concentración aumenta y pueden originarse fuegos.

Muchos explosivos contienen en su molécula elementos combustibles, como carbono e hidrógeno, y comburentes, principalmente oxígeno cuyo portador es el grupo nitro NO_2. La nitroglicerina (CH_2ONO_2-$CHONO_2$-CH_2ONO_2), estable normalmente, activada por un estímulo externo, sufren una combustión interna liberando 6.300 kJ/kg.

$$4\ C_3H_5(NO_3)_3 \rightarrow 12\ CO_2 + 10\ H_2O + 6\ N_2 + O_2$$

2.1.3 Energía de activación

Aire y combustible no bastan. Es necesario proporcionar la energía suficiente para que el fuego se produzca.

Muchos combustibles sólidos arden con dificultad; sus vapores arden fácilmente. Para quemar madera hay que calentarla hasta que se desprenden los vapores de las resinas y de otras sustancias, siendo estos vapores los que arden. Combustibles líquidos, como el gasóleo, no arden a temperatura ambiente, hay que calentarlos para facilitar su evaporación.

La energía es aportada por los focos de ignición:

- Térmicos: calor, chispas,...
- Mecánicos: calor de fricción, calor de compresión,...
- Eléctricos: resistencias, arco eléctrico, cargas estáticas,...
- Químicos: reacciones exotérmicas, calor de combustión.

2.1.4 Reacción en cadena

La combustión es una reacción exotérmica (que desprende calor). Si ese calor es capaz de evaporar el combustible que está cerca del fuego, éste se propagará, pero si el calor desprendido es insuficiente, el combustible se irá enfriando progresivamente y el fuego se apagará.

Las combustiones se clasifican según la velocidad de reacción o propagación en:

- Combustión simple, la propagación se aprecia visualmente, pero es inferior a 1 m/s.
- Deflagración, la velocidad de propagación supera 1 m/s y es inferior a la del sonido. Los efectos de presión superan entre 1 y 10 veces la presión inicial.
- Detonación, la velocidad de propagación supera la velocidad del sonido y las presiones originadas pueden superar hasta 100 veces la presión inicial.

2.2 Productos de la combustión

Los principales productos de la combustión son humo y gases tóxicos.

El humo está formado por diminutas partículas sólidas y vapores condensados. Las partículas pueden ser de color, dimensiones y cantidad tales que dificulten la visibilidad e impidan identificar las salidas y su señalización

Los gases tóxicos dependen del combustible. Los más comunes son CO y CO_2. El monóxido de carbono CO envenena por asfixia al combinarse con la hemoglobina de la sangre impidiendo el transporte de oxígeno. El dióxido de carbono CO_2 estimula el ritmo de respiración, lo que unido a la disminución de oxígeno en el aire puede provocar asfixia.

3. Evaluación del riesgo de incendio

Para evaluar el riesgo de incendio deben considerarse las fases o etapas que constituyen la cadena del incendio:

- Ignición o inicio, es la conjunción de los cuatro factores del fuego con intensidad suficiente para provocar la ignición.

- Propagación, es la evolución del incendio en el tiempo y en el espacio, mediante transmisión de calor por conducción, convección y radiación, tanto en horizontal como en vertical.

Los factores que determinan la propagación del incendio son:

- Densidad de Carga de Fuego, esto es la energía que puede desprenderse en caso de incendio por unidad de superficie. Su evaluación permite determinar el riesgo intrínseco de incendio.
- Duración del incendio, según el tipo de local y la carga térmica.
- Gravedad del incendio o temperatura alcanzada.
- Resistencia al fuego, según las condiciones estructurales del local.
- Medios de detección, alarma y extinción disponibles.

La "*Densidad de Carga de Fuego, ponderada y corregida*", Q_s permite evaluar el nivel de riesgo intrínseco de cada sector o área de incendio, puede estimarse según la tabulación del RD 2267/2004 ó se calcula mediante la siguiente expresión:

$$Q_s = \frac{\sum_1^i G_i \times q_i \times C_i}{A} \times R_a$$

Donde:

Q_s = Densidad de carga de fuego, ponderada y corregida, del sector o área de incendio, en MJ/m^2 o Mcal/m^2. El nivel de riesgo se saca de la tabla 3.

Gi = Masa, en Kg, de cada uno de los combustibles (i) que existen en el sector de incendio, incluidos los materiales constructivos combustibles.

q_i = Poder calorífico, en MJ/kg o Mcal/kg, de cada uno de los combustibles (i) que existen en el sector de incendio (véase tabla 4).

C_i = Coeficiente de peligrosidad por la combustibilidad, de cada uno de los combustibles (i) que existen en el sector de incendio (véase tabla 3).

R_a = Coeficiente de peligrosidad por la activación inherente a la actividad industrial desarrollada en el sector de incendio. Cuando existen varias actividades en el mismo sector, se tomará el factor mayor, siempre que la correspondiente actividad ocupe al menos el 10% de la superficie del sector (véase tabla 3).

A = Superficie construida del sector de incendio o superficie ocupada del área de incendio, en m².

Coeficiente C_i	**1,6**	**1,3**	**1,0**
Tipo de Productos	Alta peligrosidad: gases, líquidos muy inflamables, materias de combustión espontánea o que forman mezclas aéreas explosivas,...	Media peligrosidad: líquidos inflamables, sólidos que emiten gases inflamables o que arden entre 100 – 200 °C	Baja peligrosidad: líquidos y sólidos que requieren para arder temperatura ≥ 200 °C

Coeficiente R_a	**2**	**1,5**	**1,0**
Tipo de Actividad	Aceites, almidón, azufre, barnices, resinas,...	Abonos, calzado, cartonaje, farmacia, madera, pegamento,...	Aparatos eléctricos fotocopias, jabón, metales, sosa, vinagre,...
	Especial $R_a \geq 2$ gasolineras, municiones, refinerías, oxígeno,...		

Densidad de carga de fuego Q_s		**Nivel de riesgo intrínseco**	
Mcal/m²	MJ/m²		
$Q_s \leq 100$	$Q_s \leq 425$	1	**Bajo**
$100 < Q_s \leq 200$	$425 < Q_s \leq 850$	2	
$200 < Q_s \leq 300$	$850 < Q_s \leq 1.275$	3	**Medio**
$300 < Q_s \leq 400$	$1.275 < Q_s \leq 1.700$	4	
$400 < Q_s \leq 800$	$1.700 < Q_s \leq 3.400$	5	
$800 < Q_s \leq 1.600$	$3.400 < Q_s \leq 6.800$	6	**Alto**
$1.600 < Q_s \leq 3.200$	$6.800 < Q_s \leq 13.600$	7	
$3.200 < Q_s$	$13.600 < Q_s$	8	

Tabla 3: Nivel de riesgo intrínseco y coeficientes de peligrosidad

Producto	q_i		Producto	q_i	
	MJ/kg	Mcal/kg		MJ/kg	Mcal/kg
Aceite de algodón	37,2	9	Caucho	42,0	10
Aceite mineral	42,0	10	Carbón	31,4	7,5
Aceite de oliva	42,0	10	Cartón	16,7	4,0
Acetaldehído	25,1	6	Celulosa	16,7	4,0
Acetamida	21,0	5	Cereales	16,7	4,0
Acetato de amilo	33,5	8	Cloruro polivi. PVC	21	5,0
Acetato de polivinilo	21,0	5	Ebonita	33,5	8,0
Acetona	29,3	7	Éter etílico	33,5	8,0
Acetileno	50,2	12	Gasóleo	42	10,0
Acido acético	16,7	4	Harina de trigo	16,7	4,0
Acido benzóico	25,1	6	Hidrógeno	142	34,0
Acroleína	29,3	7	Hidruro magnésico	16,7	4,0
Aguarrás	42,0	10	Hidruro de sodio	8,4	2,0
Albúmina vegetal	25,1	6	Lana	21	5,0
Alcanfor	37,2	9	Madera	16,7	4
Alcohol amílico	42,0	10	Metano	50,2	12
Alcohol butílico	33,5	8	Nitrocelulosa	8,4	2
Alcohol etílico	25,1	6	Papel	16,7	4
Alcohol metílico	21,0	5	Petróleo	42,0	10
Almidón	16,7	4	Poliéster	25,1	6
Anhídrido acético	16,7	4	Poliestireno PS	42,0	10
Anilina	37,2	9	Polietileno PE	42,0	10
Antraceno	42,0	10	Propano	46,0	11
Antracita	33,5	8	Seda	21,0	5
Azúcar	16,7	4	Sodio	4,2	1
Azufre	8,4	2	Sulfuro de carbono	12,5	3
Benzaldehído	33,5	8	Tabaco	16,7	4
Butano	46,0	11	Té	16,7	4
Cacao en polvo	16,7	4	Tetralina	46,0	11
Café	16,7	4	Turba	33,5	8
Calcio	4,2	1	Viscosa	16,7	4

Tabla 4: Poder calorífico q_i de diversos productos

4. Prevención de incendios

Prevención de incendios es el conjunto de medidas tendentes a evitar que el riesgo se actualice en accidente, esto es, que se inicie el incendio.

Puesto que la condición imprescindible para que se inicie y mantenga el fuego, es la coexistencia con intensidad suficiente de sus cuatro factores, las medidas de prevención se centrarán en la eliminación de uno o más de los factores o evitar que éstos coexistan con intensidad suficiente para que se produzca la ignición. Por lo tanto, podremos actuar sobre:

- Combustible.
- Comburente.
- Energía (calor).
- Reacción en cadena.

4.1 Actuación sobre el combustible

Sustituir los productos combustibles por otros que sean menos combustibles o ignífugos.

Disminuir la combustibilidad por refrigeración (lugar fresco y lejos de focos de calor), inertización, disolución o mezcla.

Recubrimiento e ignifugación de materiales combustibles.

Limitación del combustible: uso de envases pequeños llenos.

Almacenamiento y manipulación según normas específicas. Orden y limpieza. Señalización del riesgo de incendio en almacenes, envases, etc.

Ventilar los locales para evitar la concentración de vapores.

Adición de sustancias que alerten por su olor.

Compartimentar las zonas de mayor riesgo, para que de incendiarse no se propague a todo el edificio.

4.2 Actuación sobre el comburente

La eliminación del oxígeno del aire en donde puede ser manipulado un combustible no es una técnica de utilización general siendo muy reducidos los casos en los que es posible su utilización.

Se pueden hacer trabajos en atmósferas inertes en los que se ha actuado sobre el medio aéreo disminuyendo la proporción de oxígeno mediante la adición de un gas inerte (N_2 o CO_2).

4.3 Actuación sobre la energía

La eliminación de los focos de ignición como pueden ser chispas, calor por rozamiento, llamas desnudas, etc. es la técnica más utilizada en la prevención de incendios.

Sobre los térmicos:

- Prohibición de fumar donde existan materiales combustibles o inflamables.
- Emplazar hornos y calderas en lugares aislados o externos.
- Protección de rayos solares mediante cubiertas y ventilación.
- Pantallas ignífugas en procesos de soldadura.
- Malla apaga-llamas en tubo de escape de vehículos y máquinas a motor.

Sobre los eléctricos:

- Instalación eléctrica de seguridad para locales con riesgo de incendio y explosión.
- Instalación dimensionada para evitar sobrecargas, interruptores magnetotérmicos.
- Interruptores diferenciales contra corrientes de defecto.
- Dispositivos de eliminación de cargas estáticas.

Sobre los mecánicos:

- Herramientas anti-chispas.
- Lubricación de máquinas para evitar el sobrecalentamiento.

Sobre los químicos:

- Aislamiento de procesos exotérmicos y control de temperatura.
- Separación y almacenamiento adecuado de sustancias reactivas.
- Ventilación y control de la humedad ambiente en sustancias autooxidables.

4.4 Actuación sobre la reacción en cadena

Actuar sobre la reacción en cadena es actuar sobre el combustible mediante la superposición física y química de compuestos que dificulten o impidan la propagación en su seno de la reacción de combustión.

Los compuestos que se adicionan actúan en forma de catalizadores negativos o inhibidores. Tenemos algunos ejemplos, como adición de antioxidantes a plásticos o tejidos ignifugados.

5. Protección contra incendios

La protección contra incendios complementa la prevención con medidas tendentes a minimizar las consecuencias de un incendio, en el caso de que éste ocurra.

Existen medidas de **protección estructural** o **protección pasiva**, cuya misión consiste en contener al fuego dentro de un espacio limitado evitando su propagación a la vez que se reducen daños en la zona afectada.

Por otra parte se encuentran las medidas de **protección activa** en las instalaciones, como pueden ser los extintores portátiles, bocas de incendio equipadas, sistemas automáticos de extinción, sistemas de detección, alarma y evacuación, etc.

Para cada actividad y tipo de local se requieren diferentes medidas de protección estructural, sistemas de detección y alarma, así como, medios de extinción.

5.1 Protección estructural

La protección estructural debe preverse en la fase de proyecto, consiste en diseñar los elementos constructivos de forma tal y con los materiales adecuados para que formen una barrera contra el avance del incendio.

Las características de los elementos estructurales (pilares, vigas, forjados,...) y de los elementos constructivos (compartimentación en sectores de incendio, medianerías, fachadas, cubiertas,...) se recogen en la tabla 5.

El comportamiento al fuego se clasifica y evalúa según la norma UNE-EN 13501-2, considerando cuánto tiempo resiste el material manteniendo sus características o realizando la función prevista cuando es sometido al fuego:

- Característica en sigla: E-integridad, I-aislamiento,… (véase tabla 5).
- Tiempo (minutos): 10, 15, 20, 30, 45, 60, 90, 120, 180, 240 ó 360.
- Ejemplos: REI 15, RE 20, EI 45, E-60A.

Los materiales de revestimiento o acabado superficial para decoración (solados, alicatados, enlucidos, pintura,...) se clasifican según su reacción al fuego, esto es la capacidad de combustión e inflamación que presentan, así como de generación de humo y partículas inflamadas, que se determinan mediante ensayos (véase tabla 6):

- Reacción al fuego UNE-EN 13501-1.
- Comportamiento al fuego externo prEN 13501-5 para tejados.

CARACTERÍSTICA	Sigla	Exige o incluye	Aplicable a
Capacidad portante	R		Pilares, muros, suelos
Integridad	E	R	Separaciones
Aislamiento (barrera al fuego)	I	R E W	Separaciones, puertas
Soporta radiación	W		Cualquiera
Acción mecánica (impacto)	M		Cualquiera
Cierre automático	C		Puerta o cierre
Estanquidad ante el humo	S		Cualquiera
Resistencia al fuego de hollín	G	I S	Chimeneas
Aptitud de protección	K		Revestimientos, suelos

Tabla 5: Características de elementos estructurales y constructivos

Reacción al fuego Clase EN 13501-1	Combustible	Inflamabilidad	Humo y partículas
A1	No	No	No
A2	≤ 50 %	No	No
B	≤ 120 W/s	Borde muestra	Humo: **s1** - velocidad ≤ 30 m^2/s^2 **s2** - velocidad ≤ 180 m^2/s^2 **s3** - no cumple anteriores Partículas inflamadas: **d0** – sin gotas ni partículas **d1** – gotas o part. duran ≤ 10 s **d2** – inflaman papel
C	≤ 250 W/s	Borde muestra	
D	≤ 750 W/s	Media	
E	Si	Alta	
F	Si	Muy alta	

Tabla 6: Clasificación de materiales según reacción al fuego

5.2 Detección y alarma

Se entiende por detección de incendios al hecho de descubrir lo antes posible la existencia de un incendio en un lugar determinado.

Sistemas de detección:

- Detección humana, se realiza de forma directa (visual u olfativa).
- Detección automática realizada por aparatos detectores que se basan en los fenómenos que acompañan al fuego como gases, humos, llamas y calor. Estos detectores normalmente están distribuidos en los techos de los locales a proteger y conectados a una central de control (véase figura 1).

Los principales detectores de incendios son:

- Gases o iónicos: detectan los gases de la combustión, es decir, humos visibles o invisibles.
- Ópticos de humos: detectan humos visibles.
- Ópticos de llamas: detectan las radiaciones infrarrojas o ultravioletas que emiten las llamas.
- Temperatura o térmicos: detectan la superación de una temperatura fija o un aumento rápido de temperatura.

La alarma consiste en avisar de forma que se ponga en marcha la evacuación de las personas y la extinción del incendio. La alarma manual se puede realizar mediante pulsadores debidamente localizados. También se puede dar la alarma por otros sistemas (megafonía, etc) o bien puede ser automática pasando por una central de control que da las órdenes oportunas.

Figura 1: Detectores de incendios

5.3 Extinción de incendios

5.3.1 Técnicas de extinción

Las técnicas de extinción de incendios se basan en separar o eliminar uno de los factores del fuego, el que sea más fácil:

- Eliminación del combustible.
- Sofocación, separando el comburente.
- Enfriamiento, evacuando la energía.
- Inhibición de la reacción en cadena.

Eliminación del combustible. La retirada del combustible suele ser difícil y peligrosa, aunque hay excepciones como el trasvase de líquidos, el corte de suministro de gas, el trazado de pasillos cortafuegos en un bosque, etc.

Sofocación, separación del aire (oxígeno). El oxígeno se puede separar por medio de una manta húmeda, echando arena al fuego, cubriéndolo con espuma, con gases inertes o con vapor de agua.

Enfriamiento. Para extinguir un fuego es suficiente absorber una pequeña porción del calor desarrollado por la combustión. El agente extintor más común es el agua, cuando se vaporiza, además de robar calor, se expande 1.700 veces y reduce el volumen de aire (oxígeno).

Interrupción de la reacción en cadena. Existen agentes químicos, como bicarbonatos, fosfatos, hidrocarburos, etc. que inhiben la reacción de combustión, creando una serie de radicales libres que se combinan con los radicales que se forman en la combustión, parándola.

5.3.2 Clasificación de fuegos

Los fuegos se clasifican, a efectos de su extinción según establece la norma UNE-EN 2 (véase figura 2):

- **Clase A: Sólidos**, se caracterizan por combustibles orgánicos que forman brasas que habrá que apagar también para que el fuego no se reavive. Ejemplos: madera, papel, telas, gomas, corcho, caucho, etc.

- **Clase B: Líquidos**, fuegos de líquidos inflamables y sólidos licuables, como gasolina, petróleo, aceites, grasas, pinturas, barnices, disolventes, gasóleo, alcohol, cera, etc. Suelen arder sólo en su superficie que está en contacto con el aire.

- **Clase C: Gases**, fuegos de gases inflamables. Ejemplos: propano, butano, metano, hexano, gas ciudad, acetileno, etc.

- **Clase D: Metales**, producidos o generados en metales combustibles como magnesio, uranio, aluminio en polvo, sodio, potasio, circonio, etc. Su extinción exige un estudio particularizado.

- **Eléctricos**, realmente no es ninguna clase de fuego, ya que en éste grupo queda incluido cualquier combustible que arde en presencia de cables o equipos eléctricos bajo tensión.

Figura 2: Clases de fuego

5.3.3 Agentes extintores

El agua, utilizada, bien a chorro, bien pulverizada, es un extintor barato, abundante y eficaz, excelente refrigerante y buen sofocante, que elimina las brasas de los fuegos de sólidos, pero su eficacia es dudosa con fuegos líquidos y gases y además es conductora de la electricidad, por ello no se utilizará en fuegos en presencia de tensión eléctrica.

La espuma física, mezcla de agua en burbujas con productos espumantes, es muy adecuada para apagar fuegos de combustibles líquidos porque flota sobre ellos separando así combustible y aire. Es conductora de la electricidad, por ello no se utiliza en presencia de tensión eléctrica. Se disuelve en los productos orgánicos solubles en agua (alcoholes, acetona,...) por lo que no sirve en incendios de estos combustibles. Tampoco debe utilizarse en combinación con agua, pues ésta rompe la manta de espuma.

Polvo: el químico (polvo convencional o BC) son sales de sodio o potasio secas, es muy efectivo para fuegos de gases y líquidos, además no es conductor de la electricidad. El polvo Polivalente, ABC o antibrasa tiene como base fosfatos de amonio y sirve también para fuegos sólidos, su mayor inconveniente es que puede ensuciar y estropear instalaciones costosas. Hay polvo especial para fuegos de clase D.

El anhídrido carbónico (CO_2) es un gas barato, fácil de comprimir y almacenar y tiene un gran poder extintor. Pero hay que tener en cuenta el gran enfriamiento que produce su expansión y además, como es un gas inerte, colabora a empobrecer más aún la proporción de oxígeno en el aire, por lo que, puede ser peligroso para las personas. Tiene la ventaja de que no deja huellas y, sobre todo, es efectivo para fuegos en presencia de tensión eléctrica.

Los halones o hidrocarburos halogenados son extintores muy efectivos y que tampoco dejan huella. Dado su elevado coste, solamente se utilizan en instalaciones de gran valor (centros de cálculo, circuitos electrónicos, etc.). Son efectivos para fuegos sólidos y líquidos.
De acuerdo con el Protocolo de Montreal relativo a las sustancias que agotan la capa de ozono, actualmente está prohibida su fabricación y comercialización. No se prohibe su uso, pero si alguna instalación se dispara no se podrá recargar.

5.3.4 Adecuación de los agentes extintores a cada tipo de fuego

La adecuación de los distintos agentes extintores a cada tipo de fuego se recoge en la tabla 7.

El Grado de eficacia de un extintor se expresa mediante combinación de número y letra:

- Número: longitud del lado de un entramado de madera que puede apagar en un ensayo normalizado.
- Letra: clase de fuego.
  Por ejemplo: extintor de polvo ABC de eficacia: 21A, 144B, C

5.3.5 Equipos de extinción

Los equipos de extinción pueden ser:

- Extintores portátiles, de alguno de los diferentes agentes extintores.

- Instalaciones fijas: bocas de incendio equipadas (BIEs), columna seca, hidrantes, rociadores automáticos, instalaciones fijas de polvo o de CO_2.

Clase de fuego Agente extintor	A Sólidos	B Líquidos	C Gases	D Metales
Agua pulverizada	**XXX** (1)	**X**		
Agua a chorro	**XX** (1)			
Polvo BC (convencional)		**XXX**	**XX**	
Polvo ABC (polivalente)	**XX**	**XX**	**XX**	
Polvo específico metales				**XX**
Espuma física	**XX** (1)	**XX**		
Anhídrido carbónico	**X** (2)	**X**		
Hidrocarburos halogenados	**X** (2)	**XX**		
Clave y notas: **XXX** – Muy adecuado **XX** – Adecuado **X** - Aceptable	(1) En presencia de tensión eléctrica no son aceptables agua ni espuma, los agentes extintores deben ser dieléctricos. (2) En fuegos de poca profundidad (< 5mm) pueden considerarse XX.			

Tabla 7: Adecuación de los agentes extintores a cada tipo de fuego

La utilización de extintores es muy adecuada para una primera intervención y sobre fuegos poco desarrollados. Son muy eficaces si se usan con prontitud y con el agente extintor adecuado.

La situación de los extintores permitirá al extremo superior quedar a altura < 1,7 m.

La labor de los bomberos es más efectiva cuando tienen información sobre:

- El tipo de fuego que se puede producir.
- Los medios de extinción disponibles.

El manejo de los extintores portátiles se muestra en la figura 3.

Las principales instalaciones fijas se representan en la figura 4, son:

Bocas de Incendios Equipadas (BIEs): son tomas de agua de Ø 25 ó 45 mm alojadas en un receptáculo con manguera sobre una devanadera y una lanza que proyecta el agua en forma de chorro y pulverizada. Tienen manómetro para leer la presión, que debe mantenerse en uso en 2 bar.

Columna seca, canalización de acero vacía con boca de toma de agua en fachada accesible a los bomberos y bocas a diferentes alturas con acoplamiento para manguera.

Hidrantes de incendios, son tomas de agua exteriores al edificio a proteger, pueden ir enterradas en una arqueta o en forma de columna.

Figura 3: Manejo de los extintores portátiles

Rociadores automáticos (sprinklers), instalación conectada a una o más fuentes de alimentación, con válvula de control general, canalizaciones ramificadas, bajo carga, y cabezas rociadoras o sprinklers dispuestas en el techo, que un detector abre automáticamente.

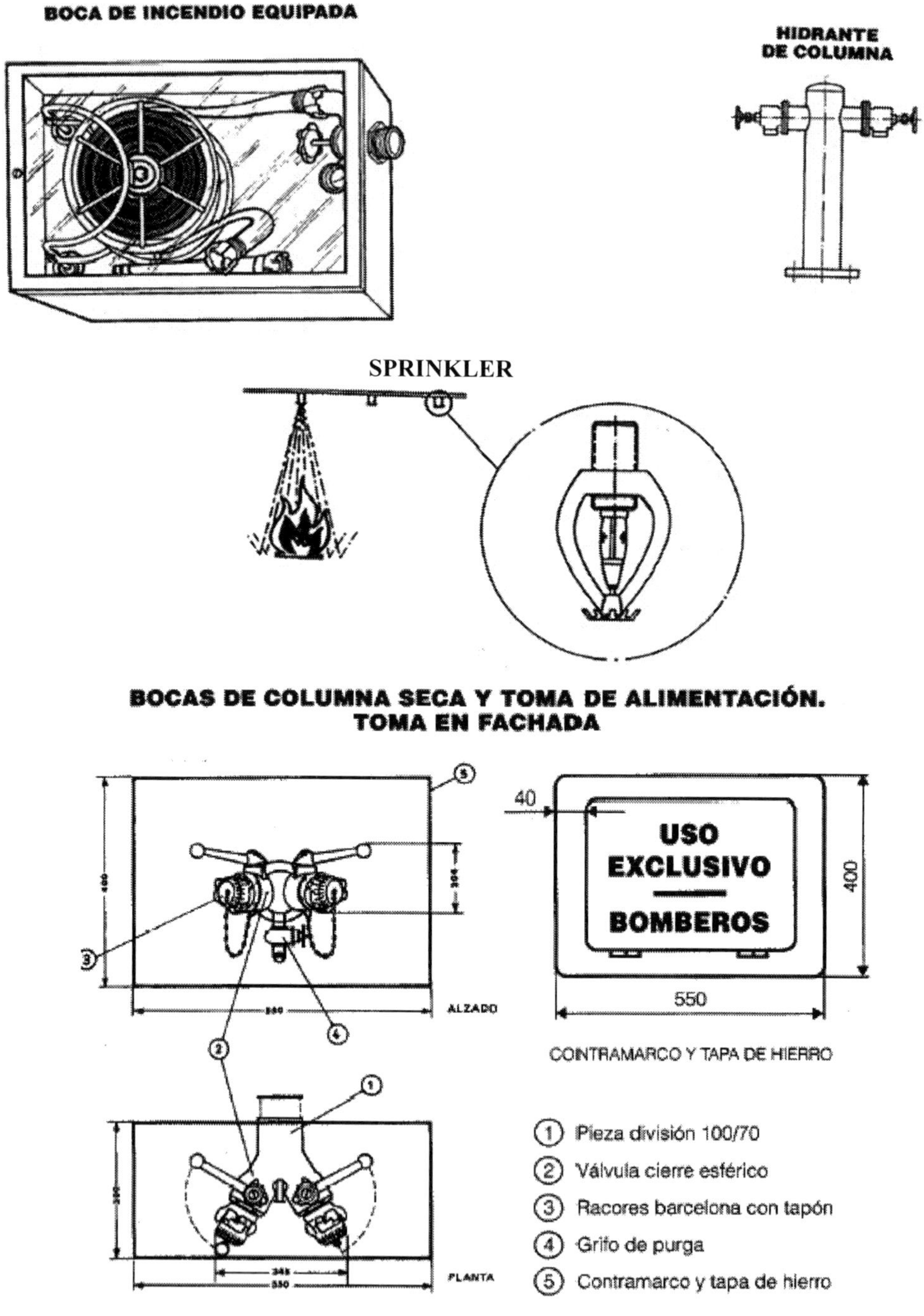

Figura 4: Instalaciones fijas de extinción de incendios

6. Actuación en caso de incendio

1. Llamar rápidamente al servicio de bomberos.
2. Conservar la calma y actuar con rapidez.
3. Cortar cuanto antes el sistema eléctrico. Si no fuera posible, no utilizar chorro de agua.
4. Alejar a toda persona que no tenga labor concreta en los trabajos de extinción.
5. Antes de iniciar la evacuación, pensar en las vías de salida y en los posibles obstáculos.
6. Si se ataca el fuego, situarse entre la puerta y el fuego.
7. Atacar el fuego por la base.
8. Antes de abrir la puerta de una sala incendiada, tocar con la palma de la mano. Si está muy caliente, alejarse.
9. Si se abre la puerta, hacerlo lentamente, nunca de golpe, situado junto a la pared y del lado del pilar.
10. Las puertas blindadas quedan bloqueadas porque el calor las dilata.
11. Aprender el manejo de los equipos de extinción disponibles.
12. Seleccionar el agente extintor. No apagar con agua los fuegos de líquidos ni los de elementos eléctricos.
13. Evacuar el edificio por las escaleras. No utilizar el ascensor como vía de escape.
14. En las escaleras, moverse con la espalda pegada a la pared y de modo pausado, en cualquier momento puede faltar el oxígeno.
15. Taparse nariz y boca con un pañuelo, si es posible húmedo.
16. Moverse reptando, los gases y el calor ascienden.
17. Si se prenden las ropas, tirarse al suelo y rodar.
18. Si se prende el pelo, meter la cabeza en agua.
19. Al huir, cerrar todas las puertas y ventanas que se encuentre en el camino.
20. Si se encuentra atrapado en una habitación:
    1. Cerrar todas las puertas. Tapar con trapos, si es posible húmedos, las rendijas de puertas y ventanas.
    2. Hacerse ver a través de los cristales agitando un trapo o sábana.
21. Si se encuentra en un distribuidor de habitaciones:
    1. Entrar en la que dé a la calle más ancha.
    2. Cerrar todas las puertas.
    3. Si las habitaciones son interiores, escoger la que dé al patio de mayor superficie.
    4. Si el patio no fuera amplio, meterse en el baño y mojar todo lo que esté alrededor.
    5. Si tampoco hubiera baño, situarse junto a la pared maestra.
    6. Tapar todas las rendijas.

7. Legislación contra incendios

Código Técnico de la Edificación, CTE, Documento Básico Seguridad contra Incendios, DB-SI, para locales de uso residencial, docente, comercial, administrativo, garaje,... (RD 314/2006).

RD 2267/2004 Reglamento de seguridad contra incendios en los establecimientos industriales.

RD 1942/1993 Reglamento de Instalaciones de Protección contra Incendios (aplicable en todos los usos).

Ordenanzas Municipales o Autonómicas. Suelen ser más restrictivas que las Normas Básicas y el Reglamento Industrial. En caso de discrepancia se toman las condiciones más restrictivas. En Madrid:

Decreto 31/2003 Reglamento de Prevención de Incendios de la Comunidad de Madrid.

TEMA 10 – TÉCNICAS DE APOYO

1. Instrucciones de seguridad

1.1 Definición y clasificación

Definiciones de instrucciones de seguridad:

a) Son las recomendaciones preventivas recogidas formalmente en documentos internos que indican maneras obligatorias de actuar.

b) Directrices, órdenes, instrucciones y consignas que instruyen al personal que trabaja en la empresa sobre los riesgos que pueden presentarse en el desarrollo de su actividad y la forma de prevenirlos.

c) Regla que resulta necesario promulgar y difundir con la anticipación adecuada y que debe seguirse para evitar los daños que puedan derivarse como consecuencia de la ejecución de un trabajo.

La instrucción de seguridad no debe sustituir a otras medidas preventivas prioritarias para eliminar riesgos, debiendo tener un carácter complementario y de apoyo.

Desde el punto de vista de su campo de aplicación, las instrucciones se clasifican en:

- **Generales**, dirigidas a todo el centro de trabajo, o a amplias zonas del mismo, marcando directrices de forma genérica.
- **Específicas**, dirigidas a actuaciones concretas señalando la manera segura de realizar operaciones determinadas.

1.2 Principios básicos

Bajo un concepto de "seguridad integrada" es preciso normalizar los procedimientos de trabajo, integrando los aspectos de seguridad a todas aquellas situaciones en las que las desviaciones de lo previsto pueden generar errores, averías o accidentes que potencialmente pudieran causar daños.

Con la normalización de los procedimientos de trabajo se trata de regular y sistematizar todas sus fases operativas para evitar alteraciones que pudieran ocasionar pérdidas o daños.

Principios básicos de las instrucciones. La instrucción debe ser:

a) Necesaria
b) Posible
c) Clara, breve y concreta

d) Aceptada y exigible
e) Actual

Adicionalmente, conviene que la instrucción sea:

a) Pedagógica
b) Disciplinar
c) Complementaria de la actuación profesional
d) No caer en el abuso

1.3 Contenido

El contenido de una instrucción debe ser, al menos:

a) Objetivo: descripción breve del motivo de elaborar la instrucción.
b) Campo de aplicación: especificación del lugar, zona, trabajo y operación a la que se aplica.
c) Descripción: desarrollo de los diferentes apartados, conviene que tenga poco texto y se complemente con gráficos o fotos.
d) Grado de exigencia: especificación sobre su obligatoriedad o mera recomendación, indicando, en su caso, la gravedad de la falta.
e) Refuerzo: normas legales o particulares que amplíen mediante su cita el contenido de la instrucción y a las que hay que supeditarse.
f) Vigencia y actualización: fecha de revisión y plazo de entrada en vigor.

1.4 Implantación de la instrucción

Desde la concepción hasta la implantación de la instrucción se pasará por las siguientes fases:

1. Creación: donde intervendrán todas las partes interesadas.

2. Elaboración, supervisión y corrección por parte de la Dirección de la Empresa y del Comité de Seguridad.

3. Difusión o divulgación, mediante entrega de copias de las instrucciones, reuniones informativas y fijando anuncios, avisos o carteles.

4. Vigilancia de su cumplimiento, analizando en caso contrario las causas para tomar las medidas correctoras oportunas.

5. Actualización de la instrucción por cambio de la Legislación o de los métodos de trabajo.

2. Señalización

2.1 Concepto y requisitos

En el mundo laboral se dan situaciones de peligro en las que es conveniente que el trabajador reciba una determinada información relativa a la seguridad mediante señales de seguridad.

La Señalización de Seguridad es una Técnica de Seguridad Complementaria, que no elimina el riesgo por sí mismo y cuya puesta en práctica no dispensa, en ningún caso, de la adopción de las medidas de prevención y control que correspondan ni sustituye a la formación e información de los trabajadores en materia de seguridad y salud.

Se entiende por señalización, el conjunto de estímulos que condicionan la actuación de quien los recibe frente a la circunstancia que se pretende resaltar. La señalización de seguridad suministra una indicación relativa a la seguridad de personas o bienes.

El RD 485/1997 sobre disposiciones mínimas de señalización de seguridad y salud en el trabajo define como Señalización de Seguridad y Salud en el Trabajo: *una señalización que, referida a un objeto, actividad o situación determinadas, proporcione una indicación o una obligación relativa a la seguridad o la salud en el trabajo mediante una señal en forma de panel, un color, una señal luminosa o acústica, una comunicación verbal o una señal gestual, según proceda.*

El RD 485/1997 recoge las señales de prohibición, advertencia, obligación, salvamento o socorro,... con sus símbolos o pictogramas y colores para señales en forma de panel, así como, señales acústicas, comunicación verbal y señales gestuales.

Además, existe una guía del INSHT sobre señalización que complementa y facilita la aplicación de los preceptos legales.

La señalización de seguridad y salud en el trabajo deberá utilizarse siempre que el análisis de los riesgos existentes, de las situaciones de emergencia previsibles y de las medidas preventivas adoptadas, ponga de manifiesto la necesidad de:

- Avisar de la existencia de determinados riesgos, prohibiciones u obligaciones.

- Alertar cuando se produzca una situación de emergencia que requiera medidas urgentes de protección o evacuación.

- Facilitar la localización e identificación de medios o instalaciones de protección, evacuación, emergencia o primeros auxilios.

- Orientar o guiar a los trabajadores sobre determinadas maniobras peligrosas.

2.2 Normas básicas de señalización

1) Elegir el tipo de señal (luminosa, acústica, en forma de panel, gestual o verbal) y su cantidad teniendo en cuenta:
   - las características de la señal;
   - los riesgos que se quieran indicar;
   - la extensión de la zona de trabajo que deba cubrir;
   - el número de trabajadores a quienes vaya dirigida;
   - el Plan de Emergencia

2) La señalización no deberá considerarse una medida sustitutoria de la formación e información de los trabajadores en materia de seguridad y salud en el trabajo ni tampoco de las medidas técnicas y organizativas de protección colectiva.

3) Respetar todas las señales de seguridad que se utilicen en el lugar de trabajo.

4) La señalización que advierta de un riesgo o recuerde una prohibición u obligación se realizará mediante señales en forma de panel. Éstas serán de un material que resista los golpes y las inclemencias del tiempo y sus dimensiones garantizarán su comprensión y visibilidad.

5) Emplear los paneles como indica la legislación, Real Decreto 485/1997, con el diseño establecido (véase apartado 2.3).

6) Instalar las señales en una posición apropiada en relación con el ángulo visual. El lugar de emplazamiento deberá ser accesible y estar bien iluminado.

7) Las señales luminosas deberán percibirse claramente, y la intermitente indicará, con respecto a la continua, un mayor peligro.

8) La señal acústica deberá tener un nivel sonoro superior al nivel de ruido ambiental, de forma que sea claramente audible. Las que sean intermitentes indicarán un mayor peligro; sin embargo, el sonido de una señal de evacuación deberá ser siempre continuo.

9) Señalizar desniveles u otros obstáculos que originen riesgos de caídas de personas, choques o golpes con paneles de información o mediante franjas alternas de color amarillo y negro (véase figura 6).

10) Revisar periódicamente el buen funcionamiento de las señales acústicas y luminosas.

11) Delimitar con claridad las vías de circulación de los vehículos mediante franjas continuas de un color bien visible, preferentemente blanco o amarillo, teniendo en cuenta el color del suelo.

12) Efectuar señales gestuales de seguridad fáciles de realizar y comprender. La persona encargada de emitir las señales deberá poder seguir visualmente las operaciones y deberá dedicarse exclusivamente a dirigir las maniobras y a la seguridad de los trabajadores situados en las proximidades.

2.3 Señales en forma de panel

Los tipos de señales en forma de panel establecidas en la legislación vigente se utilizan y disponen tal como se indica en las normas 4) 5) 6) y 9) del apartado anterior. Los colores de la señalización de seguridad son:

- **Rojo:** señal de prohibición, peligro, alarma o material y equipos de lucha contra incendios.
- **amarillo o amarillo anaranjado:** señal de advertencia.
- **azul:** señal de obligación.
- **Verde:** señal de salvamento o de auxilio, situación de seguridad.

El color de contraste que enmarque o se alterne con el de seguridad será el blanco, a excepción del amarillo que se unirá con el negro.

Según sus funciones, las señales son de:

- **Advertencia**: forma triangular, pictograma negro sobre fondo amarillo y bordes negros (véase figura 1).

- **Prohibición**: forma redonda, pictograma negro sobre fondo blanco, bordes y banda transversal de izquierda a derecha rojos (véase figura 2).

- **Obligación**: forma redonda, pictograma blanco sobre fondo azul (véase figura 3).

- **Equipos de lucha contra incendios**: forma rectangular o cuadrada, pictograma blanco sobre fondo rojo (véase figura 4).

- **Salvamento o socorro**: forma rectangular o cuadrada, pictograma blanco sobre fondo verde (véase figura 5).

- **Riesgos permanentes**: paneles de información o mediante franjas alternas de color amarillo y negro (véase figura 6).

En caso de existencia de normativa específica de señalización de equipos o instalaciones, se aplicará ésta de forma prioritaria.

<u>Figura 1: Señales de advertencia</u>

<u>Figura 2: Señales de prohibición</u>

<u>**Figura 3: Señales de obligación**</u>

<u>**Figura 4: Señales de equipos contra incendios**</u>

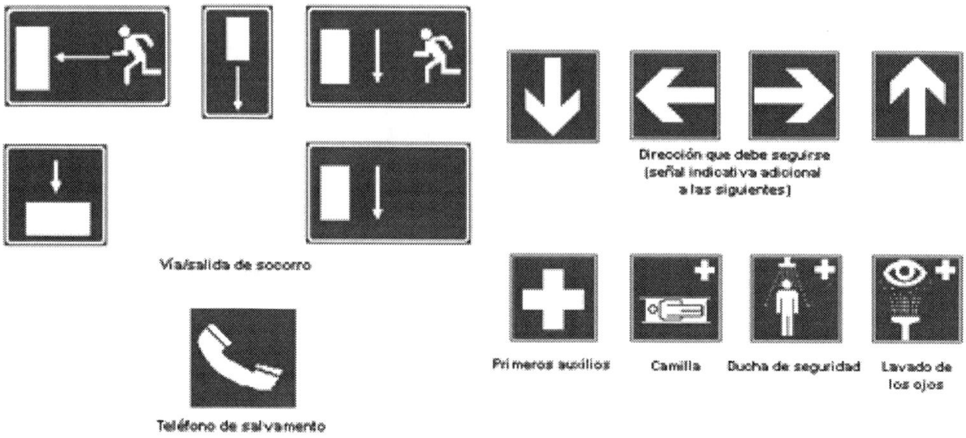

Figura 5: Señales de evacuación y de salvamento o socorro

Figura 6: Señal de riesgo permanente

3. Equipos de Protección Individual

3.1 Conceptos y utilidad

Se entiende por Equipo de Protección Colectiva, EPC, cualquier útil o dispositivo de seguridad que pueda proteger a uno o varios trabajadores y no se aplique sobre el cuerpo.

El Equipo de Protección Individual (EPI) protege a un solo trabajador, se aplica sobre su cuerpo y elimina las consecuencias de una situación de riesgo, o en su defecto, disminuye la gravedad de las mismas. Solamente se utilizará cuando el riesgo no se pueda evitar o limitar por medios técnicos adecuados

Tanto los EPCs como los EPIs, tienen por objeto proteger al trabajador frente agresiones externas de tipo físico, químico o biológico, que existieran o se generaran en el desempeño de su actividad laboral.

El uso de EPCs debe priorizarse respecto al de EPIs, dado que la protección colectiva actúa sobre uno o varios trabajadores simultáneamente y estos, además, no son perturbados por la aplicación directa del equipo sobre su persona.

Los EPIs son la última barrera entre el hombre y el riesgo, no evitan el accidente ni eliminan los riesgos, únicamente minimizan las consecuencias. En consecuencia, nunca se deben considerar como una solución definitiva y su misión es permitir realizar el trabajo, como medida transitoria hasta que se solucione el problema que genera dicho riesgo.

La Ley de Prevención de Riesgos Laborales en su artículo 15 (principios de la acción preventiva) especifica que los EPIs se deben utilizar como medidas complementarias pero en ningún caso pueden sustituir ni a la protección colectiva ni a medidas preventivas cuya acción es eliminar o reducir el riesgo hasta niveles aceptables.

El EPI, deberá tener unas prestaciones, características y requisitos que hagan posible su función (impedir una lesión) y, además, tiene que ser funcional, cómodo y permitir la realización de las tareas cuyos riesgos se pretenden proteger.

Dada la misión específica de un equipo de protección individual, su elección y mantenimiento debe ser el adecuado para que cumpla su misión con las suficientes garantías (véase esquema de gestión en figura 7).

Los EPIs tienen unas limitaciones que impiden que éstos protejan de una manera completa y de forma absoluta; son eficaces hasta ciertos límites que recogen sus propias normas de certificación y que obligan a una utilización racional, así como a una elección, mantenimiento y revisión adecuados.

3.2 Legislación

La legislación sobre EPIs se concreta en:

Real Decreto 1407/1992 Condiciones para la comercialización y libre circulación intracomunitaria de los equipos de protección individual.

- Establece condiciones de fabricación y comercialización.

Real Decreto 773/1997 Disposiciones mínimas de seguridad y salud relativas a la utilización por los trabajadores de equipos de protección individual.

- Establece normas de utilización.

Existe una guía del INSHT sobre EPIs, que complementa y facilita la aplicación de los preceptos legales.

El RD 773/1997 define como "Equipo de protección individual", cualquier equipo destinado a ser llevado o sujetado por el trabajador para que le proteja de uno o varios riesgos que puedan amenazar su seguridad o su salud, así como cualquier complemento o accesorio destinado a tal fin.

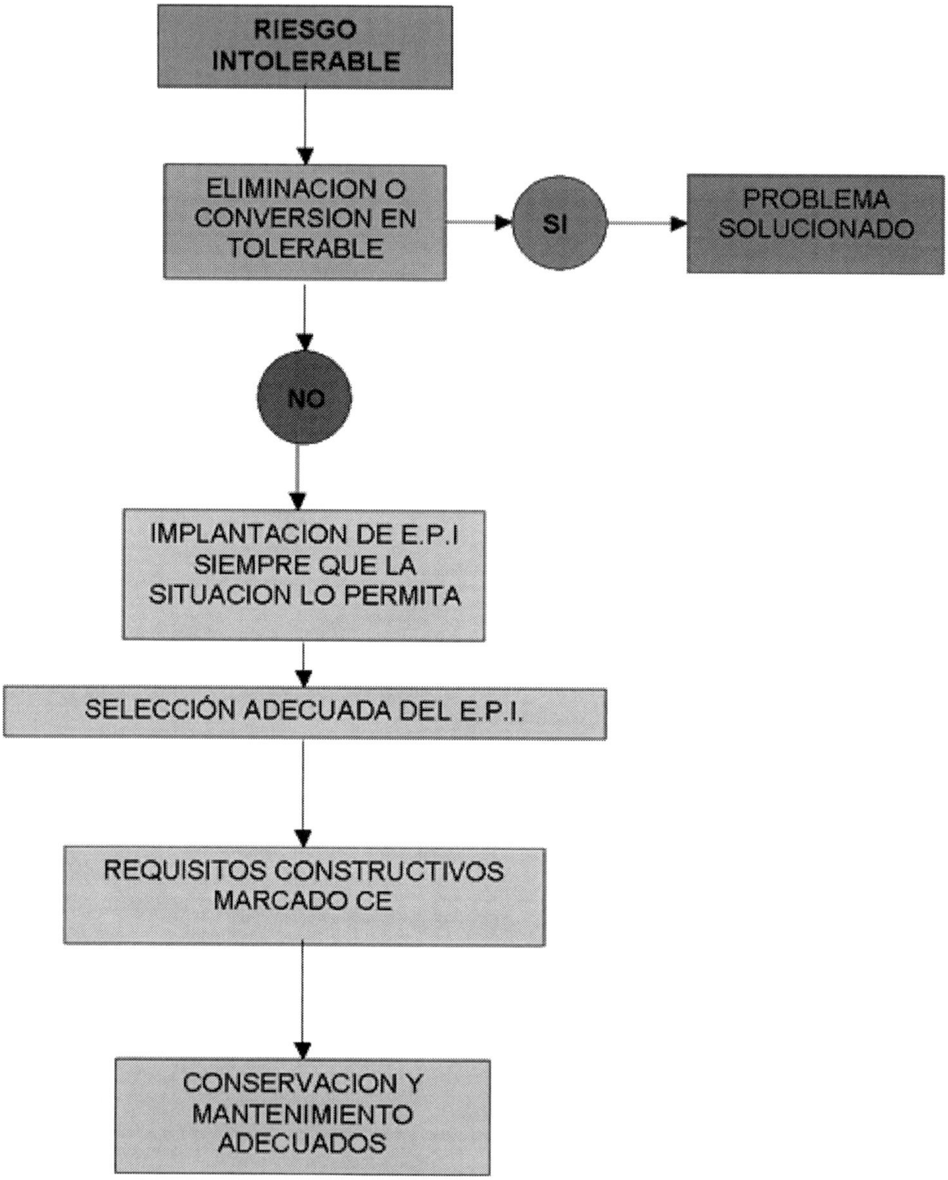

Figura 7: Esquema de gestión de los EPIs

Se excluyen de la definición:

- La ropa de trabajo corriente y los uniformes que no estén específicamente destinados a proteger la salud o la integridad física del trabajador.
- Los equipos de los servicios de socorro y salvamento.

- Los EPIs de los militares, de los policías y de las personas de los servicios de mantenimiento del orden.
- Los EPIs de los medios de transporte por carretera.
- El material de deporte.
- El material de autodefensa o de disuasión.
- Los aparatos portátiles para la detección y señalización de los riesgos y de los factores de molestia.

3.3 Clasificación de los EPIs

3.3.1 Clasificación a efectos de su comercialización

El RD 1407/1992 establece las 3 siguientes categorías de EPIs a efectos de su comercialización y evaluación de conformidad:

CATEGORÍA 1

EPIs de diseño sencillo para los que el usuario puede juzgar por sí mismo su eficacia contra riesgos mínimos y cuyos efectos, cuando sean graduales, puedan ser percibidos a tiempo y sin peligro para el usuario.

Se encuentran en esta categoría, los EPI que protegen al usuario de:
- Agresiones mecánicas cuyos efectos sean superficiales (guantes de jardinería, dedales, etc.).
- Productos de mantenimiento poco nocivos, cuyos efectos sean fácilmente reversibles (guantes de protección contra soluciones detergentes diluidas, etc.).
- Riesgos de manipulación de piezas calientes, que no expongan al usuario a temperaturas superiores a los 50ºC, ni a choques peligrosos (guantes, dedales de uso profesional, etc.).
- Agentes atmosféricos, que no sean excepcionales ni extremos (gorros, ropas de temporada, zapatos, botas, etc.).
- Pequeños choques y vibraciones, que no afecten a las partes vitales del cuerpo y que no puedan provocar lesiones irreversibles (cascos de protección de cuero cabelludo, guantes, calzado ligero, etc.).
- La radiación solar.

Evaluación de conformidad. Antes de comercializar un EPI de Categoría 1, el fabricante deberá:
- Reunir la documentación técnica correspondiente.
- Elaborar una declaración de conformidad CE.
- Estampar en cada EPI y en su embalaje el marcado CE.

CATEGORÍA 2

Modelos de EPI que no reuniendo las condiciones de la Categoría 1, no están diseñados de la forma y para la magnitud de riesgo que se indica en la Categoría 3.

Evaluación de conformidad. Antes de comercializar un EPI de Categoría 2, el fabricante deberá cumplir los requisitos de la Categoría 1 y el EPI deberá superar el Examen de Tipo (ensayos de aptitud del modelo).

CATEGORÍA 3

EPIs de diseño complejo, destinados a proteger al usuario de todo peligro mortal o que pueda dañar gravemente y de forma irreversible la salud, sin que pueda descubrir a tiempo su efecto inmediato. Ejemplos:

- Equipos de protección respiratoria filtrantes, que protejan contra aerosoles sólidos y líquidos o contra gases irritantes, peligrosos, tóxicos o radiotóxicos.
- Equipos de protección respiratoria completamente aislantes de la atmósfera, incluidos los destinados a la inmersión.
- Los EPI que sólo brindan una protección limitada en el tiempo contra las agresiones químicas o contra las radiaciones ionizantes.
- Equipos de intervención en ambientes cálidos, cuyos efectos sean comparables a los de una temperatura ambiente $\geq$ 100º C, con o sin radiación de infrarrojos, llamas o grandes proyecciones de materiales en fusión.
- Equipos de intervención en ambientes fríos, cuyos efectos son comparables a los de una temperatura ambiental $\leq$ - 50º C.
- Los destinados a proteger contra las caídas desde determinada altura.
- EPIs destinados a proteger contra los riesgos eléctricos, para los trabajos realizados bajo tensiones peligrosas o los utilizados como aislantes de alta tensión.

Evaluación de conformidad. Además de los requisitos para las Categorías 1 y 2, la fabricación del EPI estará sometida a un Sistema de Garantía de Calidad que podrá efectuarse mediante el control del producto acabado o la vigilancia de la producción.

3.3.2 Clasificación según la protección que brindan

1. MEDIOS PARCIALES DE PROTECCIÓN, son aquellos que protegen frente a riesgos que actúan preferentemente sobre partes o zonas concretas del cuerpo. Se distinguen:

a) Protectores de la cabeza. Protegen el cráneo de riesgos mecánicos como son la caída de objetos, golpes y proyecciones, riesgos térmicos debidos a metales fundidos, calor y frío y riesgos eléctricos en maniobras y operaciones de alta y baja tensión.
La protección se efectúa mediante el casco de seguridad.

b) Protectores de los ojos y de la cara. Protegen de la proyección de partículas sólidas, de líquidos cáusticos y corrosivos, de radiaciones nocivas y de atmósferas contaminadas.
Los equipos de protección son pantallas, gafas y máscaras. Las pantallas cubren la cara del usuario. Las pantallas de soldadores, a su vez de mano o de cabeza, protegen tanto de las radiaciones, mediante filtro adecuado, como del impacto de partículas. Las gafas pueden ser universales, tipo copa o cazoleta.

c) Protectores del oído, protegen del trauma sonoro producido por una exposición excesiva a un nivel de ruido. Se pueden clasificar en:

- Tapón, se utiliza inserto en el conducto auditivo externo.
- Orejeras, envuelve el pabellón externo del oído.
- Casco, cubre el pabellón externo del oído y parte de la cabeza.

d) Protectores de manos y brazos, que pueden verse sometidos a riesgos mecánicos, eléctricos, químicos, térmicos, etc.
Las protecciones son los guantes, manoplas, mitones, dediles, manguitos, etc., que pueden ser de cuero, plástico, acero, etc., según el riesgo que tengan que proteger.
Los guantes aislantes de la electricidad pueden ser de distintas clases, según sea la tensión máxima para la que protegen.
Los resistentes a agresivos químicos, pueden ser resistentes a agentes ácidos o básicos, a detergentes, jabón y amoníaco, a disolventes orgánicos,...

e) Protección de pies y piernas, que pueden ser sometidos a muy variados riesgos como son el riesgo mecánico, eléctrico, térmico, químico, etc.
La protección se basa en cubrir la extremidad mediante calzado de seguridad adecuado, como son botas, zapatos, sandalias, que deberán ser de un material acorde al riesgo a proteger.
Frente a riesgos mecánicos, existen calzados con puntera de seguridad para proteger los dedos de golpes, atrapamientos, etc., con plantilla de seguridad para evitar pinchazos, y mixtos con puntera y plantilla. La plantilla de protección frente a taladro, puede ser un elemento individual a colocar en el interior del calzado.
Existen botas resistentes al agua y la humedad, así como mixtas, que valen frente al agua, la humedad y los riesgos mecánicos.

f) Protección de las vías respiratorias, permiten que el usuario disponga de aire respirable cuando esté expuesto a una atmósfera contaminante o cuya concentración de oxígeno sea insuficiente. Tipos de respiradores:

- Dependientes del medio ambiente, mediante retención mecánica, retención y transformación físico-química y mixtos, están compuestos de un adaptador facial y un filtro.
- Independientes del medio ambiente, que pueden ser a su vez de aire comprimido o aire fresco, o bien autónomos, con salida libre o de O_2 regenerable.
- De autosalvamento.

g) Protectores de la piel. Cremas de protección y pomadas.

h) Protectores del tronco y el abdomen.

- Chalecos, chaquetas y mandiles de protección contra las agresiones mecánicas (perforaciones, cortes, proyecciones de metales en fusión).
- Chalecos, chaquetas y mandiles de protección contra agresiones químicas.
- Chalecos termógenos.
- Chalecos salvavidas.
- Mandiles de protección contra los rayos X.
- Cinturones de sujeción del tronco.
- Fajas y cinturones antivibraciones.

2. MEDIOS INTEGRALES DE PROTECCION

d) Equipos de protección contra caídas de altura.
e) Dispositivos anticaídas deslizantes.
f) Arneses.
g) Cinturones de sujeción.
h) Dispositivos anticaídas con amortiguador.
i) Ropa de protección.
j) Ropa de protección contra las agresiones mecánicas (perforaciones, cortes).
k) Ropa de protección contra agresiones químicas.
l) Ropa de protección contra las proyecciones de metales en fusión y las radiaciones infrarrojas.
m) Ropa de protección contra fuentes de calor intenso o estrés térmico.
n) Ropa de protección contra bajas temperaturas.
o) Ropa de protección contra la contaminación radiactiva.
p) Ropa antipolvo.
q) Ropa antigás.
r) Ropa y accesorios (brazaletes, guantes) de señalización (retrorreflectantes, fluorescentes).

3.4 Requisitos que han de cumplir los EPIs

3.4.1 Requisitos generales aplicables a todos los EPIs

Han de ser diseñados ergonómicamente, de forma que en condiciones normales de uso, el usuario pueda realizar normalmente la actividad de riesgo y tener una protección de nivel tan elevado como sea posible.

Habrán de tener grados de protección tan elevados como sea posible y clases de protección adecuadas a los distintos niveles de riesgo.

No ocasionarán riesgos ni otros factores de molestia en condiciones normales de uso.

Serán del material adecuado para que no tenga efectos nocivos sobre la salud e higiene del usuario. Las partes en contacto con el cuerpo tendrán una superficie adecuada y libre de asperezas, aristas vivas, etc.

Ofrecerán las mínimas trabas al usuario para la realización de gestos y adopción de posturas, así como a la percepción de los sentidos.

Se podrán poner fácilmente en la postura adecuada y mantenerlo así todo el tiempo de utilización con independencia de gestos, posturas y factores ambientales.

Serán lo más ligeros posible sin perjuicio de su solidez de fabricación.

Habrá compatibilidad entre los distintos EPIs utilizados al mismo tiempo.

Dispondrán de un folleto explicativo del fabricante, que deberá entregar obligatoriamente, en el que además del nombre y dirección del mismo, figurará:

- Instrucciones de uso, almacenamiento, limpieza, mantenimiento, revisión y desinfección.
- Rendimientos alcanzados en exámenes técnicos.
- Accesorios que puede utilizar el EPI y características de las piezas de repuesto.
- Clases de protección adecuadas a los diferentes niveles de riesgo y límites de uso.
- Fecha de caducidad del EPI.
- Embalaje adecuado para su transporte.
- Explicación de las marcas, si las hubiera.

3.4.2 Requisitos complementarios

Cuando lleven un sistema de ajuste, una vez que se han ajustado no podrán desajustarse, en condiciones normales de uso, sin la voluntad del usuario.

Los EPIs que cubran parte del cuerpo, estarán siempre que sea posible, suficientemente ventilados.

Los EPIs de rostro, ojos y vías respiratorias limitarán al mínimo el campo de visión. Si fuese posible llevarán dispositivos anti-empañamiento. Serán compatibles con el uso de gafas o lentillas y tendrán el grado de neutralidad óptica adecuado.

Si el EPI está sometido a envejecimiento deberá marcarse la fecha de fabricación y, si fuera posible, la fecha de caducidad. Si no se puede determinar con seguridad su duración, el fabricante indicará en su folleto cualquier dato que sirva para determinar el plazo razonable de uso.

Cuando durante su utilización el EPI pueda ser enganchado por un objeto en movimiento y constituir un peligro para el usuario, tendrá un umbral de resistencia, por encima del cual se romperá alguno de sus elementos para eliminar el peligro.

Los EPIs destinados a ser usados en atmósferas potencialmente explosivas, se diseñarán y fabricarán de forma que no puedan producir arco o chispa de origen elástico, electrostático o causados por un golpe.

Cuando el EPI vaya a utilizarse en intervenciones rápidas o que tenga que ponerse o quitarse rápidamente, estarán diseñados de forma que se puedan poner o quitar en un lapso de tiempo tan breve como sea posible.

Los EPIs de intervención en situaciones muy peligrosas dispondrán de un folleto entregado por el fabricante, en donde figurará el procedimiento que habrá de aplicar el usuario para comprobar que esté correctamente ajustado y listo para funcionar. Si dispone de un dispositivo de alarma que funcione cuando no se llegue a un nivel de protección normal, el usuario podrá apercibirlo en las condiciones de uso.

Los EPIs a los que el usuario pueda ajustar, quitar o poner, se podrá efectuar sin herramienta alguna.

Las marcas de identificación o señalización referidas a salud y seguridad serán preferiblemente pictogramas o ideogramas armonizados, perfectamente legibles durante todo el tiempo que se calcule dure el EPI.

Los EPIs para señalización visual del usuario, emitirán un resplandor visible, directo o reflejado, de intensidad luminosa y propiedades fotoeléctricas y colorimétricas adecuadas.

3.4.3 Requisitos específicos de los riesgos a prevenir

Como regla general tendrán la resistencia y propiedades adecuadas al riesgo a cubrir.

3.5 Implantación del uso de la protección personal

Para implantar el EPI como medida de protección frente a una determinada situación de riesgo, se deben seguir las siguientes fases:

3.5.1 Análisis de necesidad

Se deberá estudiar la posibilidad de eliminar la situación de riesgo mediante el empleo de técnicas de protección colectiva. La necesidad de acudir a los EPIs viene determinada por condicionamientos de tipo técnico y económico.

- Condicionamientos de tipo técnico:
  - Imposibilidad de instalar protección colectiva.
  - Existencia de un riesgo residual tras haber instalado una protección colectiva.

- Condicionamientos de tipo económico:
  - Elevado costo de la instalación de protección colectiva en situaciones de riesgo de escasa entidad o que se presentan muy ocasionalmente, siempre que pueda alcanzarse un grado de protección óptimo con el empleo de prendas de protección personal.
  - Repercusión de la protección colectiva en el ritmo de producción.

3.5.2 Selección del EPI

Para la elección del EPI se consideran los siguientes factores:
- Grado necesario de protección que precisa una situación de riesgo.
- Grado de protección que ofrece el equipo frente a esa situación.
- Evitar que el EPI interfiera en el proceso productivo.
- Posible coexistencia de riesgos simultáneos.

Es recomendable que, una vez seleccionados los equipos idóneos, los trabajadores participen en la selección final.

3.5.3 Convencimiento de su empleo

Una vez vistos y seleccionados los EPIs necesarios, deberá convencerse a la Dirección de la necesidad de su implantación, y a los usuarios de la necesidad de su utilización.

Argumentos frente a la Dirección de la Empresa:
- Naturaleza y magnitud del riesgo a cubrir.
- Costos directos e indirectos de los accidentes.
- Legislación, sanciones por infracciones y responsabilidades legales, incluso de tipo penal, por falta de medidas de seguridad en la aparición de accidentes de trabajo.

El convencimiento del usuario sobre la necesidad de utilización de los EPIs, deberá estar dentro del ámbito de un plan de formación e interacción sobre los riesgos a que se encuentra expuesto en su trabajo y la necesidad del empleo de equipos de protección para eliminar o disminuir sus consecuencias.

3.5.4 Formación e información

El RD 773/1997 establece la información y la formación como obligaciones del empresario.

La información deberá:
- Ser previa al uso y frente a los riesgos que protege.
- Indicar las actividades u ocasiones en que debe utilizarse.
- Dar instrucciones preferentemente escritas sobre forma de utilización y mantenimiento.
- Poner a disposición de los trabajadores el manual de instrucciones del fabricante.
- Ser sencilla y comprensible.

El empresario está obligado a garantizar la formación para su uso correcto y cuando la utilización de los EPIs sea compleja o se utilice más de un EPI al mismo tiempo, organizará sesiones de entrenamiento específicas.

Es recomendable la elaboración de instrucciones o normas internas que regulen la utilización de los EPIs en los puestos de trabajo afectados.

3.5.5 Distribución de los EPIs

Los EPIs son de uso individual, por razones de orden jurídico e higiénico, complementadas por los motivos siguientes:
- Para ser eficaces se deben ajustar a las características anatómicas del usuario.
- Cada usuario debe ser instruido sobre las características de los equipos que se le entregan, de sus posibilidades y de sus limitaciones. Las instrucciones deberán darse por escrito.
- Cada usuario se responsabiliza del mantenimiento y conservación del equipo que se le entrega, lo cual sólo es posible si la asignación de los equipos es personalizada y se establece un sistema de seguimiento y control.

3.5.6 Supervisión

Son obligaciones de los trabajadores, según el RD 773/1997, las siguientes:

- Utilizar y cuidar correctamente los EPIs.
- Colocar el EPI después de su utilización en el lugar indicado.
- Informar a su superior directo de los defectos, anomalías o daño apreciado en el EPI que, a su juicio, pueda entrañar una pérdida de su eficacia protectora.

El Servicio de Prevención participa en todo proceso, desde la elección a la correcta utilización o conservación, de cara a conseguir resultados óptimos del equipo necesario frente a una situación de riesgo. En particular, deberá:

- Conocer los problemas que se presentan en el uso de los EPIs
- Conocer la forma correcta de utilización.
- Preocuparse de que son utilizados, sin excepción alguna, en las zonas de uso obligado.

REFERENCIAS

1. Bibliografía

Condiciones de Trabajo y Salud
Nogareda Cuixart, C., Bestratén Belloví, M. y otros
Instituto Nacional de Seguridad e Higiene en el Trabajo, INSHT, 5ª ed. 2003

Diccionario de seguridad y salud laboral: Conceptos de la Ley de Prevención de Riesgos Laborales
Mateos Beato, Alfredo
Editorial Lex Nova, S.A., Valladolid, 3ª ed. 2005

Enciclopedia de salud y seguridad en el trabajo (4 volúmenes)
Organización Internacional del Trabajo, OIT, Ginebra, 1998
Ministerio de Trabajo y Asuntos Sociales, 2001

Estadística de Accidentes de Trabajo y Enfermedades Profesionales
Ministerio de Trabajo y Asuntos Sociales
Avance enero-diciembre 2005

Evaluation of fire safety
D. Rasbash, G.; Ramachandran, B.; Kandola, J.; Watts, M. Law
John Wiley & Sons, 2004

Factbook. Prevención de Riesgos Laborales en la Construcción
Bajo Albarracín, J.C.; Sanz Córdoba, A. y otros
Thomson Aranzadi - Soluziona, 2ª ed. 2004

Fire Protection Handbook (2 volúmenes)
National Fire Protection Association, NFPA, 19th ed. 2003

Guía práctica de prevención de riesgos laborales 2003
Fernández Marcos, L. y otros
Ed. Cinca, 2003

Guía técnica para la evaluación y prevención de los riesgos relativos a la utilización de los Equipos de trabajo. Primera parte.
Instituto Nacional de Seguridad e Higiene en el Trabajo, INSHT

Guía técnica para la evaluación y prevención de los riesgos relativos a la utilización de lugares de trabajo
Instituto Nacional de Seguridad e Higiene en el Trabajo, INSHT

Guía técnica para la evaluación y prevención del riesgo eléctrico
Instituto Nacional de Seguridad e Higiene en el Trabajo, INSHT

Guía técnica para la utilización por los trabajadores en el trabajo de los equipos de protección individual
Instituto Nacional de Seguridad e Higiene en el Trabajo, INSHT

Guía técnica. Señalización de seguridad y salud en el trabajo
Instituto Nacional de Seguridad e Higiene en el Trabajo, INSHT

Manual de Prevención de Riesgos Laborales (Seguridad, Higiene y Salud en el trabajo)
García Ninet, J.I.
Atelier libros jurídicos, 2ª ed. 2005

Mejora de la Salud y la Seguridad en el trabajo
Taylor, Geof; Easter, Kellie; Hegney, Roy
Elsevier, 2006

Métodos de evaluación de riesgos laborales
Rubio Romero, J.C.
Ediciones Díaz de Santos, S.A., 2004

Prevención de Riesgos Laborales
Libros informáticos Aenor, 2000

Riesgos derivados de las condiciones de seguridad. Prevención de riesgos profesionales
Santos Durán, J.L.; De Luis Calabuig, A.
Ediciones Apóstrofe, S.L., 2005

Riesgos y protecciones en baja tensión. Choques, sobreintensidades y sobretensiones
Torres González, José Luis
Aenor, 2002

Seguridad de las máquinas. Normas UNE en CD-ROM
Aenor, 3ª ed. 2005

Seguridad en el trabajo
Bestratén Belloví, M., Cuscó Vidal, J.M. y otros
Instituto Nacional de Seguridad e Higiene en el Trabajo, INSHT, 4ª ed. 2003

Seguridad en el trabajo
Pizarro Garrido, N.; Enríquez Palomino, A.; Sánchez Rivero, J.M. y otros
Ed. Fundación Confemetal, 2005

Seguridad Industrial. Manual para la formación del especialista
Espeso Santiago, J.A.
Ed. Lex Nova, 2ª ed. 2004

2. Normas

UNE 74151:1992 Acústica. Audiometría liminar tonal por vía aérea a efectos de la conservación de la audición

UNE-EN 2:1994/A1:2005 Clases de fuego.

UNE-EN 1050:1997 Seguridad de las máquinas. Principios para la evaluación del riesgo.

UNE-EN 13501-1:2002 Clasificación en función del comportamiento frente al fuego de los productos de construcción y elementos para la edificación. Parte 1: Clasificación a partir de datos obtenidos en ensayos de reacción al fuego.

UNE-EN 13501-2:2004 Clasificación de los productos de construcción y de los elementos constructivos en función del comportamiento ante al fuego. Parte 2: Clasificación a partir de datos obtenidos de los ensayos de resistencia al fuego.

prEN 13501-5 Fire classification of construction products and building elements – Part 5: Classification using test data from external fire exposure to roof tests.

3. Legislación

3.1 Legislación española

Ley 31/1995 Prevención de Riesgos Laborales y Ley 54/2003, de reforma del marco normativo de la prevención de riesgos laborales.

Decreto 3151/1968 Reglamento de Líneas aéreas de alta tensión.

Real Decreto 1995/1978 establece las Enfermedades Profesionales, modificado por RD 2821/1981 y Resolución 30-12-1993 de la Secretaría General de la Seguridad Social.

Real Decreto 1244/1979 Reglamento de Aparatos a Presión.

Real Decreto 3275/1982 Condiciones Técnicas y Garantías de Seguridad en Centrales Eléctricas, Subestaciones y Centros de Transformación.

Real Decreto Legislativo 2291/1985 Aparatos Elevadores y Resolución 10-09-1998, que desarrolla el Reglamento de Aparatos de Elevación y Manutención aprobado por RD 2291/1985.

Real Decreto 1495/1986 Reglamento de seguridad de máquinas.

Real Decreto 1407/1992 Condiciones para la comercialización y libre circulación intracomunitaria de los equipos de protección individual. Modificado por Orden 16-05-1994, RD 159/1995 y Orden 20-02-1997

Real Decreto 1435/1992 por el que se dictan las disposiciones de aplicación de la Directiva del Consejo 89/392/CEE, relativa a la aproximación de las legislaciones de los estados miembros sobre máquinas (incluye la modificación posterior realizada por el RD 56/1995)

Real Decreto 1942/1993 Reglamento de Instalaciones de Protección contra Incendios

Real Decreto Legislativo 1/1994 Texto refundido de la Ley General de la Seguridad Social.

Real Decreto 39/1997 Reglamento de los Servicios de Prevención y RD 780/1998 por el que se modifica el RD 39/1997 de reglamento de los servicios de prevención

Real Decreto 413/1997 Disposiciones mínimas relativas a utilización por parte de los trabajadores de equipos de protección individual

Real Decreto 485/1997 Disposiciones sobre señalización de seguridad y salud en el trabajo

Real Decreto 486/1997 Disposiciones mínimas de seguridad y salud en los lugares de trabajo

Real Decreto 773/1997 Disposiciones mínimas de seguridad y salud relativas a la utilización por los trabajadores de equipos de protección individual

Real Decreto 1215/1997 Disposiciones mínimas de seguridad y salud para la utilización de equipos de trabajo

Real Decreto Legislativo 5/2000 Texto refundido de la Ley sobre Infracciones y Sanciones en el Orden Social

Real Decreto 379/2001 Reglamento de almacenamiento de productos químicos y sus instrucciones técnicas complementarias

Real Decreto 614/2001 Disposiciones mínimas para la protección de la salud y seguridad de los trabajadores frente al riesgo eléctrico

Real Decreto 842/2002 Reglamento Electrotécnico para Baja Tensión

Real Decreto 2267/2004 Reglamento de seguridad contra incendios en los establecimientos industriales

Real Decreto 286/2006 Protección de la salud y la seguridad de los trabajadores contra los riesgos relacionados con la exposición al ruido

Real Decreto 314/2006 aprueba el Código Técnico de la Edificación.

3.2 Instrucciones Técnicas Complementarias

MIE-AEM-1 Ascensores electromecánicos (Orden 23-9-1987)

MIE-AEM-2 Grúas torre desmontables para obra (OM 28-6-1988)

MIE-AEM-3 Carretillas automotoras de manutención

MIE-AEM-4 Grúas móviles autopropulsadas (RD 2370/1996)

MIE-AP-5 Extintores de incendios

MIE APQ-1 Almacenamiento de líquidos inflamables y combustibles

MIE APQ-2 Almacenamiento de óxido de etileno

MIE APQ-3 Almacenamiento de cloro

MIE APQ-4 Almacenamiento de amoníaco anhidro

MIE APQ-5 Almacenamiento de botellas y botellones de gases comprimidos licuados y disueltos a presión

MIE APQ-6 Almacenamiento de líquidos corrosivos

MIE APQ-7 Almacenamiento de líquidos tóxicos

MIE APQ-8 Fertilizantes a base de nitrato amónico

3.3 Legislación de la Comunidad de Madrid

Decreto 31/2003 Reglamento de Prevención de Incendios de la Comunidad de Madrid

ABREVIATURAS Y SÍMBOLOS

ANL	Accidente No Laboral
Art.	Artículo
AT	Accidente de Trabajo
BIE	Boca de Incendios Equipada (plural BIEs)
BR	Base Reguladora (del cálculo de pensiones de la Seguridad Social)
C	Consecuencias, resultado probable de un accidente potencial (WT Fine)
CCAA	Comunidades Autónomas (de la organización territorial Española)
CEE	Comunidad Económica Europea
CEN	Comité Europeo de Normalización
C_i	Coeficiente de peligrosidad por la combustibilidad
CNSST	Comisión Nacional de Seguridad y Salud en el Trabajo
CTE	Código Técnico de la Edificación
DB-SI	Documento Básico Seguridad contra Incendios, del CTE
E	Exposición, frecuencia con que ocurre la situación de riesgo (WT Fine)
EC	Enfermedad Común
EP	Enfermedad Profesional
EPC	Equipo de Protección Colectiva (plural EPCs)
EPI	Equipo de Protección Individual (plural EPIs)
ETT	Empresa de Trabajo Temporal (plural ETTs)
F	Factor de corriente de corazón
FP	Formación Profesional
GI	Gran Invalidez
GP	Grado de Peligrosidad, en función del cual se establecen actuaciones
H/L	Relación entre calor de combustión y calor de vaporización
I_{DM}	Índice de Duración Media de accidentes de trabajo
I_F	Índice de Frecuencia de accidentes de trabajo
I_G	Índice de Gravedad de accidentes de trabajo
I_I	Índice de Incidencia de accidentes de trabajo
INSHT	Instituto Nacional de Seguridad e Higiene en el Trabajo
IPA	Incapacidad Permanente Absoluta
IPP	Incapacidad Permanente Parcial
IPT	Incapacidad Permanente Total
IRSST	Instituto Regional de Seguridad y Salud en el Trabajo (Madrid)
ITC	Instrucción Técnica Complementaria (plural ITCs)
LII	Límite Inferior de Inflamabilidad
LSI	Límite Superior de Inflamabilidad
LPRL	Ley de Prevención de Riesgos Laborales
MTAS	Ministerio de Trabajo y Asuntos Sociales
NC	Nivel de Consecuencias, daños físicos y materiales
ND	Nivel de Deficiencia
NE	Nivel de Exposición, frecuencia de exposición al riesgo
NP	Nivel de Probabilidad

NR	Nivel de Riesgo
OIT	Organización Internacional del Trabajo (organismo de la ONU)
OM	Orden Ministerial
OMS	Organización Mundial de la Salud (organismo de la ONU)
ONU	Organización de las Naciones Unidas
P	Probabilidad de que se complete la secuencia del accidente (WT Fine)
PE	Polietileno
PMMA	Poli metacrilato de metilo
PP	Polipropileno
PRL	Prevención de Riesgos Laborales
PS	Poliestireno
PVC	Policloruro de vinilo
PYME	Pequeña y Mediana Empresa (plural PYMEs)
q_i	Poder calorífico
Q_s	Densidad de carga de fuego, ponderada y corregida
R_a	Coeficiente de peligrosidad por la activación
RD	Real Decreto
RDL	Real Decreto Legislativo
SS	Seguridad Social
UE	Unión Europea
Ø	Diámetro

1248812

Made in the USA